செயற்கைக்கோள்கள்

எழில்அண்ணல்

சத்யா

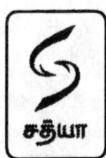

Title
Seiyarkaikolgal
Ezhilannal

ISBN: 978-93-6666-483-5
Title Code : Sathyaa - 102

நூல் தலைப்பு
செயற்கைக்கோள்கள்

நூல் ஆசிரியர்
எழில்அண்ணல்

முதற்பதிப்பு
செப்டம்பர் 2024

விலை : ₹ 150

பக்கம் : 116

Printed in India

Published by

Sathyaa Enterprises
No.137, First Floor,
Choolaimedu,
Chennai - 600 094.
044 - 4507 4203

Email
sathyaabooks@gmail.com

“அறிவியலின் வளர்ச்சி விண்ணுக்கு செயற்கைக்கோள் அனுப்பும் நிலைக்கு உயர்ந்துவிட்டது. வானில் எட்டு கோள்கள் சுற்றி வருகின்றன. (புளூட்டோ என்ற கோளை சர்வதேச வானியல் கழகம் தகுதி நீக்கம் செய்து குறுங்கோளாக அறிவித்து விட்டனர்.) அதேபோல் மனிதர்கள் தயாரித்து அனுப்பிய கோள்கள் செயற்கைக்கோள்கள் எனப்படுகின்றன.

மனிதனின் முயற்சியால் விண்வெளியின் கோளப்பாதையில் இயங்கும் ஒரு பொருளாகச் செயற்கைக்கோள் இருக்கிறது. செயற்கைக்கோள்கள் பல்வேறு துறைகளின் செயல்பாடுகளுக்கு பயன்படுத்தப்படுகின்றன.

இராணுவக் கண்காணிப்பு, உளவு வேலைகள், பூமியைக் கண்காணிக்கும் வேலைகள், வானியல் பற்றிய பல்வேறுபட்ட ஆராய்ச்சிகள், தகவல் பரிமாற்றம் ஆகிய எல்லாவற்றிற்கும் செயற்கைக்கோள் பயன்படுத்தப்படுகின்றன.

செயற்கைகோள்கள் மூலம் கிடைக்கப்பெறும் தரவுகள் நாட்டின் பல்வேறு துறைகளுக்கு முக்கிய பங்காற்றி வருகிறது. குறிப்பாக தொலைக்காட்சி ஒளிபரப்பு, ஏடிஎம், தொலைபேசி தொடர்பு, தொலைநிலை கல்வி, தொலைநிலை மருத்துவம், காலநிலை, வறட்சி மதிப்பீடு, நிலத்தடி நீர் பகுதிகளை கண்டறிதல் உள்ளிட்ட பல்வேறு முக்கிய பிரிவுகளில் உதவுகிறது.

இவைகளின் அபரிமிதமான வளர்ச்சியை அடையாளம் காட்டுகிறது இந்நூல்.”

உள்ளே...

1.	செயற்கைக்கோள் என்றால் என்ன?	5
2.	செயற்கைக்கோள் வரலாறு	12
3.	செயற்கைக்கோள் வகைகள்	21
4.	ராக்கெட் கண்டுபிடித்த கதை	37
5.	இந்திய விண்வெளி ஆய்வு மையம்	66
6.	சாதனை படைத்த இந்திய செயற்கைக்கோள்கள்	79
7.	சரித்திரம் படைத்த சந்திரயான்	103

❖

1. செயற்கைக்கோள் என்றால் என்ன?

கோள் எனும் சொல் வரலாறு, கணியவியல், அறிவியல், தொன்மவியல், சமயம் சார்ந்த பண்டைய சொல்லாகும். கோள் என்ற சொல்லுக்கான விளக்கம், பல்வேறு காலங்களில், பல்வேறு மக்களால் வேறு வேறு விதமாக சொல்லப்பட்டுள்ளது.

ஆதிகால கிரேக்க மக்கள், சூரியன், நமது நிலவு என்பனவும் கோள்கள் என்று கருதினர். அதாவது மொத்தமாக, புதன், சூரியன், நிலவு, வெள்ளி, செவ்வாய், வியாழன் மற்றும் சனி என்பன அவர்களைப் பொறுத்தவரை கோள்கள். பூமி ஒரு கோள் அல்ல. அது இந்தப் பிரபஞ்சத்தின் மையப்பகுதியில் இருக்கும் ஒரு அமைப்பு அவ்வளவுதான். அறிவியல் அறிவு வளர்ந்ததும், கோள்கள் பற்றிய கண்ணோட்டம் மாறலானது.

16ஆம் நூற்றாண்டைச் சேர்ந்த நிகோலஸ் கோப்பர்நிகஸ் தனது சூரிய மையக் கோட்பாடை ரகசியமாக வெளியிட்ட பின்னரே கொஞ்சம் கொஞ்சமாக சூரியனை மையமாக கொண்ட கருத்து வலுப்பெறத் தொடங்கியது.

பின்னர் 17ஆம் நூற்றாண்டில் வானியலாளர்கள், தொலைக் காட்சிகளைப் பயன்படுத்தி சூரியனே மையத்தில் இருப்பதாகவும், பூமி தொடக்கம் மற்றைய கோள்கள் அனைத்தும் சூரியனைச் சுற்றி வருவதையும் கண்டறிந்தனர். யுரேனஸ் 1781இலும், நெப்டியூன் 1846இலும் கண்டறியப்பட்ட கோள்களாகும்.

சீரிஸ் என்ற வான்பொருள், செவ்வாய்க்கும், வியாழனுக்கும் இடையில் சூரியனைச் சுற்றிவருவதை வானியலாளர்கள் 1801இல் கண்டறிந்தனர். இத்தனையும் ஒரு கோளாக அவர்கள் வகைப்படுத்தினர். ஆனால் பின்னர், அந்தப் பகுதியில் சீரிஸ் போன்ற நிறைய வான் பொருட்களை வானியலாளர்கள் கண்டறிந்ததன் பலனாக, அவற்றை எல்லாம் சேர்ந்து சிறுகோள்கள் (asteroids) என்று அழைத்தனர்.

கோள் என்றால் என்ன என்பதற்கு அனைத்துலக வானியல் கழகம் சில வரையறைகளை வைத்துள்ளது. சூரிய அமைப்பில் உள்ள விண் பொருள் ஒன்று கோள் என்றழைக்கப்பட வேண்டும் என்றால், அப்பொருள் சூரியனை ஒரு சுற்றுப்பாதையில் சுற்றிவர வேண்டும்.

நிலைநீர் சமநிலையை (கிட்டத்தட்ட கோள வடிவம்) எட்டுவதற்குத் தகுந்த எடையைப் பெற்றிருக்க வேண்டும். தன் சுற்றுப் பாதைச் சூழலில் அண்மையிலுள்ள பொருள்களை நீக்கியிருக்க வேண்டும்.

கோள்கள் பொதுவாக இரு முதன்மை வகைகளாகப் பிரிக்கப்படுகின்றன. அவை, தாழ் அடர்த்திப் பெருங்கோள்கள் அல்லது வியாழன் நிகர் கோள்கள், சிறிய பாறையாலான புவிநிகர் கோள்கள் ஆகும்.

சர்வதேச வானியல் கழக வரையறைகளின்படி, சூரியக் குடும்பத்தில் எட்டு கோள்கள் உண்டு. சூரியனில் இருந்து தொலைவுகூடக் கூட முதலில் புவிநிகர் கோள்களான புதன், வெள்ளி, புவி, செவ்வாய் ஆகியவை அமைகின்றன. அடுத்து பெருங்கோள்களான வியாழன், சனி, யுரேனஸ், நெப்டியூன் ஆகியவை அமைகின்றன.

சூரிய குடும்பத்தில் 8 கிரகங்கள், 5 குள்ள கிரகங்கள், வால் நட்சத்திரங்கள், சிறுகோள்கள் மற்றும் குறைந்தது 146 துணைக் கோள்களைக் கொண்டுள்ளன.

இன்று நாம் பல சூரியத் தொகுதிக்கு அப்பாற்பட்ட கோள்களைக் கண்டுபிடித்துக் கொண்டிருக்கிறோம், இதன் மூலம் நம் அறிவை வளர்த்துக் கொண்டு இருக்கிறோம். பால்வீதியில் மட்டுமே பில்லியன் கணக்கில் கோள்கள் இருக்க வேண்டும் என்று கணிக்கப்படுகிறது.

இதுவரை கோள் என்றால் என்ன என்று சுருக்கமாகப் பார்த்தோம். அடுத்ததாக செயற்கைக்கோள் என்பதற்கான விளக்கத்தைப் பார்ப்போம்.

சூரியனைச் சுற்றி வரும் கோள்களுக்கு துணைக்கோள்கள் உண்டு. நமது பூமியின் துணைக்கோள்தான் நிலா என்று அழைக்கிறோம். பூமியைப் போன்ற மற்ற கிரகங்களையும் துணைக் கோள்கள் சுற்றுகின்றன. அவை அக்கிரகத்தின் நிலாக்களாகும்.

இயற்கையாக சுற்றிவரும் துணைக்கோள்கள் போன்று மனிதனால் உருவாக்கப்பட்டு விண்வெளிக்கு அனுப்புகிற துணைக் கோளை செயற்கைத் துணைக்கோள் என அழைக்கின்றனர்.

மனிதனின் முயற்சியால் விண்வெளியின் கோளப்பாதையில் இயங்கும் ஒரு பொருளாகச் செயற்கைக்கோள் இருக்கிறது. இது நிலா போன்ற இயற்கைக் கோள்கள்போல் விண்வெளியில் உலா வருவதினால் இதற்குச் செயற்கைக் கோள் என்ற பெயர் வந்தது.

1957-ஆம் ஆண்டு சோவியத் ஒன்றியம் ஸ்புட்னிக் 1 என்கிற முதல் செயற்கைக்கோள் விண்வெளியில் செலுத்தப்பட்டது.

இதுவரை விண்வெளியில் பூமியை சுற்றி இருக்கும் கோளப்பாதையில் ஆயிரக்கணக்கான செயற்கைக்கோள்கள் செலுத்தப்பட்டன.

50 நாடுகளின் செயற்கைக்கோள்கள் இதுவரை விண்வெளியில் செலுத்தப்பட்டிருந்தாலும், அவற்றை வானில் செலுத்தும் ஆற்றல் பத்து நாடுகளுக்கு மட்டுமே இதுவரை உள்ளது.

தோராயமாக நூறு செயற்கைக்கோள்கள் மட்டும் தான் தற்போது பயன்பாட்டில் உள்ளன. மற்றவை, முழுதான செயற்கைக்கோள்களாகவோ, அல்லது ஆயிரக்கணக்கான சிறு சிறு துண்டங்களா

கவோ உபயோகமே இல்லாமல் விண்வெளியில் பூமியின் கோளப் பாதையை சுற்றி வருகின்றன. இவற்றுக்கு விண்வெளிக் குப்பை என்ற பெயரும் உண்டு.

செயற்கைக்கோள் தகவல்களைச் சேமித்து உலக மக்களுக்கு அளிக்கிறது. செயற்கைக் கோளின் வளர்ச்சி என்பது பூமியில் வாழும் உயிரின வாழ்க்கைக்கு உதவுகிறது.

விஞ்ஞான வளர்ச்சியில் கண்டுபிடிக்கப்பட்ட சாதனங்களில் ஒன்று செயற்கைக் கோள். இக்கருவியின் சாதனை மகத்தானது; நாம் நமது வீட்டில் நமக்குப் பிடித்த தொலைக்காட்சி நிகழ்ச்சிகளைக் காணும் வாய்ப்பை ஏற்படுத்தி கொடுத்தது செயற்கைக்கோளாகும்.

ஒரே செயற்கைக்கோளைப் பயன்படுத்தி தொலைபேசி, தொலைக் காட்சி ஒளிபரப்பு மற்றும் நிலவளத்திற்காகப் பூமியை ஆய்வு செய்யும் வசதிகள் ஒருங்கிணைக்கப்பட்டன.

செயற்கைக்கோள் மூலம் ஓரிடத்திலிருந்து இன்னொரு இடத்திற்கு நாடெங்கிலும் தொலைபேசி இணைப்பு ஏற்படுத்தப்பட்டது. அதே செய்கோளை பயன்படுத்தி தூர்தர்ஷனின் *1000* ஒளி, ஒலிபரப்பு சாதனங்கள் இணைக்கப்பட்டன.

அது மட்டுமல்லாமல், இந்தச் செயற்கைக்கோள் மூலம், வான்வெளி, நடமாட்டம் மற்றும் புயல் நடமாட்டத்தை கண்காணித்து துல்லிய மான வானிலை அறிக்கைகள் வெளியிடப்பட்டன. இந்த வகையில், மேலும் முன்னேற்றமாக, பூமிக்கு மீது நிலைத்து நிற்கும் செயற்கைக் கோள்களைச் செலுத்தி தொலைதூர பகுதிகளுக்கும் தொலை தொடர்பு வசதி அளிக்கப்பட்டது.

வீடுகளுக்கு நேரடியாக, தொலைக்காட்சி நிகழ்ச்சிகள் அளிப்பதில் ஒரு புரட்சி ஏற்பட்டுள்ளது. இந்தியாவில் எந்த மூலையில் இருப் பவர்களும் கூரைமீது, ஒரு கருவியைப் பொருத்தி நூற்றுக்கணக்கான தொலைக்காட்சி நிகழ்ச்சிகளைச் செயற்கை கோள் வழியாகப் பெற முடியும்.

பேரிடர் காலங்களில், எளிதாக அணுக முடியாத தொலைதூர பகுதி களிலும் பேரிடர் மேலாண்மை பணிகளை மேற்கொள்வதற்கும்

இந்தச் செயற்கைக் கோள்கள் உதவுகின்றன. இந்தச் செயற்கைக் கோள்கள் மூலம் எளிதாக அணுகமுடியாத கிராம மக்களுக்கும் தொலைக்காட்சி மூலம் கல்வி அளிக்க முடியும்.

செயற்கைக்கோள்கள் மூலமாகத்தான் பூமியில் காணப்படும் பிரச்சனைகளுக்குத் தீர்வு காண விண்வெளி தொழில்நுட்பத்தைப் பயன்படுத்துவதில் இந்தியா ஒரு முன்னோடியாகக் கருதப்படுகிறது.

தொலைதூர கிராமங்களில் வசிப்பவர்கள் ஒரு சிறப்பு மருத்துவரின் சேவையைப் பெற வேண்டுமானால், அவர் பல நூறு கிலோ மீட்டர்கள் செல்ல வேண்டியுள்ளது. அங்குப் போக பல நாட்களும் ஆகும். இவர்களுக்கு இருந்த இடத்திலிருந்தே மருத்துவம் பார்க்க செயற்கைக்கோள் உதவுகிறது.

சாதாரணமாக, மருத்துவம் மூலம் ஒரு நோயாளியின் தகவல்கள் செயற்கைக்கோள்கள் மூலம் ஒரு சிறப்பு மருத்துவருக்கு அனுப்பப் படுகிறது. அந்த தகவல்களை ஆராய்ந்தபின் மருத்துவர், நோயாளி யோடு தொடர்பு கொண்டு தேவையான பரிந்துரைகளை அளிப்பார். இப்படிப்பட்ட வசதிகளை நம் நாட்டிலுள்ள பெரிய மருத்துவ மனைகள் செய்கின்றன.

தற்போது, கிராமப்புறங்களில் உள்ள 382 மருத்துவமனைகள் பெரு நகரங்களில் உள்ள 60 பன்சிறப்பு மருத்துவமனைகளோடு இணைக்கப்பட்டுள்ளன. இது அல்லாமல் 16 தானியங்கி மருத்துவ ஊர்திகளும், தொலைத்தொடர்பு மருத்துவத்திற்காக பயன் படுத்தப்படுகின்றன.

ஆண்டொண்டிற்கு மூன்று லட்சத்திற்கும் மேற்பட்ட நோயாளிகள் இந்த தொலைதொடர்பு வசதிகளை பெறுகிறார்கள். இப்படிப்பட்ட சேவைகளை இந்திய இராணுவத்தின் அடிப்படை மருத்துவமனை களும், தொலைதூர பகுதிகளுக்கு வழங்குகின்றன. இந்த வசதிகள் ஏற்பட செயற்கைக்கோள்களே காரணம்.

செயற்கைக்கோள்களின் பயன்கள் பலவாகும். செயற்கைக் கோள் பயன்கள் பற்றி மேலும் காண்போம். இராணுவக் கண்காணிப்புக்கு பயன்படுகின்றது.

இராணுவ நோக்கிலான கண்காணிப்பில் ஈடுபட்டு, தேசத்தின் பாதுகாப்பை உறுதி செய்யும் பணியை கண்காணிப்பு செயற்கைக் கோள்கள் மேற்கொண்டு வருகின்றன.

செயற்கைக்கோள்கள் வான்வெளியில் உள்ள கதிர்வீச்சு, வெப்பம் போன்றவற்றை ஆய்வு செய்ய பயன்படுகின்றது. நிலவை ஆராய்வ தற்கு இந்தியா அனுப்பிய முதல் செயற்கைக்கோள் சந்திரயான் ஆகும்.

நாட்டின் தகவல் தொடர்பு வசதியை மேம்படுத்த உதவுகின்றது. மொபைல் போன், இணையதளம், அகண்ட அலைவரிசை உள்ளிட்ட தகவல் தொடர்பு துறையில் புதிய புரட்சி ஏற்படுத்துவதற்கு செயற்கைக்கோள்கள் உதவியாக இருந்துள்ளன.

செயற்கைக்கோள்கள் வானிலை அவதானிப்புக்களை மேற் கொள்ளவும் பெரும் உதவியாக இருந்து வருகின்றன. இதனால் பேரிடர்களை முன் கூட்டியே அறிந்து கொள்ள முடிகின்றது.

நில வரைபடம் தயாரித்தல். பூமியைக் கண்காணித்து அதன் பரப்பில் ஏற்பட்டுவரும் மாற்றங்களை புகைப்படங்கள், வரைபடம் வழியே அறிய உதவுகின்றன. வரைபடமாக்கல் மற்றும் ஆய்வுப் பணிகளில் இந்த விவரங்கள் பேருதவியாக இருக்கின்றன.

போக்குவரத்து ஒழுங்குபடுத்துதலை மேற்கொள்ள உதவுகின்றது. கடல் வழிகளையும், கடல் எல்லைகளையும் துல்லியமாக கண் காணிக்க முடியும். மேலும் தரையிலும், வான்வெளியிலும் செல்லும் அனைத்து வாகனங்களையும் கண்காணிக்க முடியும்.

புவி கண்காணிப்பிற்கான செயற்கைக்கோள்கள் வான்வழி போக்கு வரத்து, கடல் போக்குவரத்து மற்றும் கிராமம், நகரம் மற்றும் கடலோரப் பகுதிகளில் உள்ள நிலங்கள் மற்றும் அதன் பண்பாடு களைத் துல்லியமாக படம் எடுத்து அனுப்புவது உள்ளிட்ட பல்வேறு விடயங்கள் குறித்து தகவல்களை தெரிவிக்கும் வகையில் வடிவமைக்கப்பட்டுள்ளது.

பேரிடர்களை முன்கூட்டியே அறியலாம். செயற்கைக்கோள் மூலம் பருவ காலம் மற்றும் பேரிடர் நிகழ்வுகளை முன்கூட்டியே அறிந்து

கொள்ள முடிகின்றது. மழைக்காலங்களில் புயல் மையம் கொள் வதையும், சூறாவளி சீறி வருவதையும் உரிய நேரத்தில் எச்சரித்து முன்னெச்சரிக்கை நடவடிக்கைகளை மேற்கொள்ள உதவுகின்றது.

விண்ணில் இருந்து புவியைக் கண்காணித்துக் கொண்டிருக்க உதவுகின்றது. கடல் பகுதிகளின் பாதுகாப்பு, திசை அறிதல் உள்ளிட்ட கடல்சார் ஆராய்ச்சி பணிகளைச் செயற்கைக்கோள்கள் மேற்கொள்ளும்.

செயற்கைக்கோள்கள் புதிய வசதிகள் மூலம் வாழ்க்கையை மேம்படுத்துகின்றன. தொலைபேசி பயன்பாடு, தொலைக்காட்சி பார்த்தல், விளையாட்டுப் போட்டிகளை நேரடியாகக் கண்டுகளிப்பது போன்றவையெல்லாம் செயற்கைக்கோள்கள் மூலமே வினைத்திறன் மிக்கதாக மாறியுள்ளது.

மீன் பிடித்தலுக்கு உதவுகின்றது. ஆழ்கடல் மீன்வளத்தை அறிந்து மீன் பிடித்தலில் ஈடுபடவும் செயற்கைக்கோள்கள் உதவுகின்றன.

❏

2. செயற்கைக்கோள் வரலாறு

செயற்கைக்கோள் பற்றிய கருத்தாக்கம் ஆங்கில நாவல்களில் கற்பனையாக எழுதப்பட்டன. முதன் முதலாகச் செயற்கைக்கோள் விண்ணில் செலுத்தப்பட்டிருக்கிறது என்னும் செய்தி எட்வர்ட் எவரெட் ஹேல் எழுதிய 'தி பிரிக் மூன்' என்னும் கற்பனை சிறுகதை யில் தான் வெளிவந்தது. 1869 - ஆம் ஆண்டு துவங்கி இந்தக் கதை தொடராகத் 'தி அட்லாண்டிக் மன்த்லி' என்ற பத்திரிகையில் வெளி வந்தது.

1903 -ஆம் ஆண்டில், கான்ஸ்டான்டின் சியோல்கோவ்ஸ்கி என்பவர் ஜெட் ப்ரபல்ஷன் சாதனங்களைப் பயன்படுத்தி விண்வெளியை ஆய்வு செய்வதை பற்றிய நூலை ரஷ்ய மொழியில் வெளியிட்டார்.

இது ஏவுகணையைக் கொண்டு எவ்வாறு விண்கலங்களை ஏவலாம் என்பதைப் பற்றி வெளிவந்த முதல் புத்தகமாகும். இந்நூல் விண் வெளிக்கு மனிதன் செல்லவும் அங்கு அவனது செயல்கள் உணரப் படவும் ஒரு திட்டமாக விளங்கியது.

அவர் ஒரு விண்வெளி நிலையத்தை கற்பனையாக மிக விவரமாக உண்டாக்கி அதனது நிலையான புவி கோளப் பாதையையும் கணக் கிட்டுள்ளார்.

அவர் விண்வெளி எவ்வாறு அறிவியல் பரிசோதனைகளுக்கு உதவி புரிகிறது என்பதைப் பற்றியும் விளக்கியுள்ளார். இந்த நூல் சியோல்கோவ்ஸ்கி குறிப்பிட்ட ஒரே இடத்தில் புவியை சார்ந்து இருக்கும் செயற்கைக்கோள்களைப் பற்றி விவரிப்பதுடன், பூமி யுடன் அவை எப்படி தகவல்களை பரிமாறுகின்றன என்பதைப் பற்றியும் குறிப்பிடுகின்றது.

அவர் குறைந்தபட்ச சுற்றுப் பாதைக்கு தேவையான வேகத்தை கணக்கிட்டார். மேலும் திரவ உந்துசக்திகளால் எரிபொருளாக இயங்கும் பல-நிலை ராக்கெட் இதை அடைய முடியும் என்று ஊகித்தார்.

ரஷியாவின் செர்கி பாவ்லோவிச் என்பவர் செயற்கைக் கோளை ராக்கெட்டில் பொருத்தி விண்வெளிக்கு அனுப்பலாம் என்றார். இவரே செயற்கைக் கோளை முதன் முதலில் விண்வெளிக்கு அனுப்புவதில் வெற்றி பெற்றார்.

1945 -ஆம் ஆண்டு, கம்பியில்லா உலகம் என்ற ஆங்கில கட்டுரையில், அறிவியல் புதின ஆசிரியர் ஆர்தர் சி. கிளார்க் (1917-2008) பெருமளவு தொடர்பு கொள்ளுதலுக்கு தேவையான தகவல் தொடர்பு செயற்கைக்கோள்கள் பற்றி விவரிக்கிறார்.

கிளார்க் செயற்கைக்கோளை ஏவுதல், செயற்கைக் கோள்கள் சுற்றி வரக்கூடிய கோளப்பாதைகள், பூமியை சுற்றிவரும் செயற்கைக் கோள்களின் பின்னல் வலையமைப்பு உருவகம் மற்றும் மிக வேகமான தகவல் தொடர்பு கொள்ளுதலைப்பற்றி விவரிக்கிறார்.

புவியை முழுவதுமாக கண்காணிக்க மூன்று புவிநிலைச் சுற்றுப் பாதை செயற்கைக்கோள்கள் போதுமானவை என்று அவர் மேலும் குறிப்பிட்டுள்ளார்.

செயற்கைக்கோள் உருவாக்கும் செயல்பாடு என்பது 1952-ஆம் ஆண்டில் துவங்கியது எனலாம். சர்வதேச அறிவியல் யூனியன் அக்டோபர் 1954 -ஆம் ஆண்டில் ஒரு தீர்மானத்தைக் கொண்டு வந்தது. அது செயற்கைக்கோளைத் தயாரித்து பூமியைச் சுற்றி வர ஏற்பாடு செய்யுமாறு உலக நாடுகளைக் கேட்டுக் கொண்டது.

அமெரிக்காவின் வெள்ளை மாளிகை 1955 - ஆம் ஆண்டு ஜுலை மாதத்தில் செயற்கைக்கோளை அனுப்பும் திட்டத்தை பல்வேறு ஏஜென்ஸிகளிடம் அறிவித்தது.

1955- ஆம் ஆண்டு செப்டம்பரில் அமெரிக்காவின் கப்பல் துறை ஆய்வகம் வான்கார்டு என்கிறத் திட்டத்தை வெளியிட்டது. இதே ஆண்டில் ரஷியாவும் செயற்கைக்கோளை விண்வெளிக்கு அனுப்பும் திட்டத்தை வெளியிட்டது.

சோவியத் ஒன்றியம் அக்டோபர் 4, 1957 அன்று ஏவிய ஸ்புட்னிக் 1 தான் உலகின் முதல் செயற்கைக்கோளாகும். இந்த சோவியத் ஸ்புட்னிக் செயல்பாட்டு குழுவுக்கு தலைவராக இருந்தவர் செர்கே கொரோலெவ். அவருக்கு உறுதுணையாக இருந்தவர் கெரிம் கெரிமோவ்.

இதனால் சோவியத் ஒன்றியத்துக்கும் ஐக்கிய அமெரிக்க நாடு களுக்கும் மத்தியில் விண்வெளி போட்டி மூண்டது என்பது வரலாறு.

ஸ்புட்னிக் - 1

ரஷியாவின் ஸ்புட்னிக் திட்டம் முதலில் வெற்றி பெற்றது. இதன் மூலம் உலகின் பார்வையை ரஷியா தனது பக்கம் ஈர்த்தது. சோவியத் ரஷியா செயற்கைக்கோளை விண்வெளிக்கு ஏவுவதற்காக சக்தி வாய்ந்த ராக்கெட்டைத் தயாரிக்கும் வேலையை 1957 -ஆம் ஆண்டில் துவக்கியது. ரஷியா R-7 என்கிற ராக்கெட்டை வடிவமைத்தது. இதன் புனைப்பெயர் செம்யோர்கா என்பதாகும்.

இந்த ராக்கெட் 3,904 கிலோ நியூட்டன் உந்து விசை சக்தி கொண்ட தாகும். மார்ச் 4, 1957 -ஆம் ஆண்டில் இந்த ராக்கெட்டை ஏவுவதற் கான ஏவுதளத்தை பைக்கனூர் என்னுமிடத்தில் நிறுவியது. செர்கி பாவ்லோவிச் என்ற விஞ்ஞானி ஸ்புட்னிக் - 1 (sputnik-1) என்கிற செயற்கைக்கோளை வடிவமைத்தார்.

ஸ்புட்னிக் - 1 எளிய வடிவம் கொண்டது. ஒரு மாதத்தில் தயாரிக்கப்பட்டது. இது ஒரு கூடைப்பந்து அளவிற்கு பெரியது. இது 53 செ.மீ. விட்டமும், 83.6 கிலோ எடையும் கொண்டது. இதில்

இரண்டு 8 அடி நீளம் கொண்ட ஆண்டனாக்களும், இரண்டு 10 அடி நீளம் கொண்ட ஆண்டனாக்களும் பொருத்தப்பட்டிருந்தன. இது ரேடியோ சமிக்கைகளை பெற்று, ஒலி பரப்புவதற்காக பொருத்தப் பட்டிருந்தது.

இந்த செயற்கைக் கோளை செப்டம்பர் 18, 1957-ஆம் ஆண்டில் ஏவ திட்டமிட்டனர். ஆனால் ரஷியாவின் அக்டோபர் புரட்சி தினத்தை நினைவு கூறும் வகையில் அதனை அக்டோபர் 4, 1957-ஆம் ஆண்டு இரவு ரஷியாவின் நேரப்படி 10.28.04 மணிக்கு ஸ்புட்னிக்- 1 செயற்கைக்கோள் ஏவப்பட்டது. அதிவேகமாக சென்று அது வானில் மறைந்தது. அது மீண்டும் 90 நிமிடம் கழித்துத்தான் தெரிந்தது.

ஸ்புட்னிக் - 1 செயற்கைக் கோள் நீள்வட்டப்பாதையில் சுற்றி வந்தது. அது மணிக்கு 28,800 கிலோமீட்டர் வேகத்தில் பூமியைச் சுற்றியது. பூமியை ஒருமுறை சுற்றி வர 1 மணி 36.2 நிமிடம் (98 நிமிடம்) நேரம் ஆனது. இது பூமிக்கு அண்மையாக 228 கிலோ மீட்டர் உயரத்திலும், தொலைவு நிலையில் 947 கிலோ மீட்டர் உயரத்தில் சுற்றி வந்தது.

இந்தச் செயற்கைக்கோள் பீப் பீப் என்கிற சப்தத்தை இடை வெளி விட்டு, விட்டு ஒலித்துக் கொண்டே சுற்றியது. இதனால் நன்றாகச் செயல்பட்டது.

உயரிய காற்று மண்டலங்களின் அடர்த்தியை கண்டறிய ஸ்புட்னிக் 1 உதவியாக இருந்தது. இது கோளப்பாதை மாற்றத்தின் வழியே கணக்கிடுதலை செய்தது. மேலும் அயன மண்டலத்தில் நிகழக்கூடிய ரேடியோ சைகைகளைக் கொண்டு பூமிக்கு தகவல்களை அனுப்பியது.

செயற்கைக்கோளில் அதிக அழுத்தம் கொண்ட நைட்ரஜன் இருந்த தால், ஸ்புட்னிக் 1 முதன் முதலில் எரிமீன்களை கண்டு பிடிக்கவும் உதவியாக இருந்தது.

வான்பரப்பில் எரிமீன்கள் நுழைவதினால் உள்ளுக்குள்ளே ஏற்படும் காற்றழுத்தக் குறைவினால் புவிக்கு அனுப்பப்படுகின்ற தட்பவெப்ப தகவல்களை அறியவும் உதவியாக இருந்தது. பின்னர் இது வளி மண்டலத்தின் உள்ளே நுழைந்து ஜனவரி 4, 1958இல் எரிந்து போனது.

ஸ்புட்னிக் - 1 செயற்கைக் கோள் ரஷியாவிற்கு மிகப்பெரிய வெற்றியைத் தேடித் தந்தது. இது சோவியத் ரஷியாவை விண்வெளி தொழில் நுட்பத்தில் முன்னோடியாக மாற்றியது.

ஸ்புட்னிக் - 2

ஸ்புட்னிக் - 2 புவிச் சுற்றுப்பாதைக்கு ஏவப்பட்ட இரண்டாவது விண்கலம் ஆகும். 1957 -ஆம் ஆண்டு நவம்பர் மாதம் 3 -ஆம் நாள் சோவியத் ஒன்றியத்தினால் ஏவப்பட்ட இவ்விண்கலத்தில் லைக்கா என்னும் பெயருடைய நாய் ஒன்று ஏற்றிச்செல்லப்பட்டது.

ஒரு விண்கலத்தில் ஏற்றிச் செல்லப்பட்ட முதல் உயிருள்ள விலங்கு இதுவாகும். இக்கலம் 4 மீட்டர் (13 அடி) உயரமும், 2 மீட்டர் (6.5அடி) அடி விட்டமும் கொண்ட ஒரு கூம்பு வடிவம் கொண்டது.

இது பல ஒலிபரப்பி, தொலை அளவைத் தொகுதி, கட்டுப்பாட்டு மையம், வெப்பநிலைக் கட்டுப்பாட்டுத் தொகுதி, பல அறிவியற் கருவிகள் ஆகியவற்றைக் கொண்ட பல பகுதிகளாகப் பிரிக்கப் பட்டிருந்தது. இன்னொரு மூடப்பட்ட அறையில் லைக்கா வைக்கப்

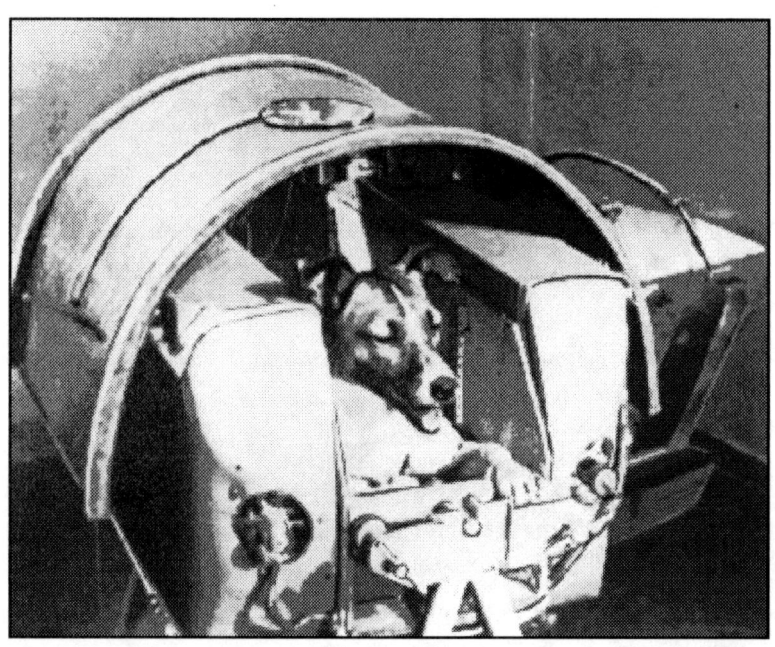

பட்டது. சூரியக் கதிர்வீச்சையும், அண்டக் கதிர்வீச்சையும் அளப்பதற்காக இரண்டு ஒளிமானிகள் கலத்தில் இருந்தன.

ரஷியாவும், அமெரிக்காவும் ஒரே சமயத்தில் செயற்கைக் கோளை விண்வெளிக்கு அனுப்பும் முயற்சியில் ஈடுபட்டிருந்த போதிலும் ரஷியாவே இரண்டாவது முறையும் வெற்றி பெற்றது.

அமெரிக்கா செயற்கைக்கோளை அறிவியல், அரசியல் மற்றும் செய்தி பரப்புதலுக்கு உதவி புரியும் ஒரு நல்ல கருவியாக மட்டுமே கருதியது.

ஸ்புட்னிக் -1 மற்றும் ஸ்புட்னிக் -2ஐத் தொடர்ந்து, அமெரிக்கா தனது முதல் மூன்று செயற்கைக்கோள்களை ஏவியது; எக்ஸ்ப்ளோரர் -1, வான்கார்ட் -1 மற்றும் எக்ஸ்ப்ளோரர் -3. இவை சிறிய எளிய செயற்கைக்கோள்கள், 14 கிலோகிராமிற்கும் குறைவான எடை கொண்டது.

ஸ்புட்னிக் - 3

ஸ்புட்னிக்-3, சுற்றுப்பாதையில் நிலைநிறுத்தப்பட்ட முதல் பல்நோக்கு விண்வெளி அறிவியல் செயற்கைக்கோள். இது மே 15, 1958 -ஆம் ஆண்டு சோவியத் யூனியனால் விண்வெளியில் ஏவப்பட்டது.

கூம்பு வடிவில் அமைக்கப்பட்ட இதன் உயரம் 3.57 மீட்டரும், அடி விட்டம் 1.73 மீட்டரும் ஆகும். இது 1,327 கி.கி. எடை உடையதாக இருந்தது.

இது பூமியின் மேல் வளிமண்டலத்தின் அழுத்தம் மற்றும் அதன் அமைப்பு, சார்ஜ் செய்யப்பட்ட துகள்களின் செறிவு மற்றும் முதன்மை காஸ்மிக் கதிர்களின் அணுக்கருக்கள் ஆகியவற்றின் அளவீடுகளை உருவாக்கி அனுப்பியது.

ஸ்புட்னிக் - 3 செயற்கைக்கோள் பூமியின் வளிமண்டலத்தை மீண்டும் அடைந்து, ஏப்ரல் 6, 1960 அன்று கிட்டத்தட்ட 2 ஆண்டுகளுக்குப் பிறகு சுற்றுப்பாதையில் எரிந்தது.

எக்ஸ்புளோரர்-1

அமெரிக்காவின் வெர்னர் வான் பிரான் தலைமையில் எக்ஸ்புளோரர் (Explorer) திட்டம் செயல்படுத்தப்பட்டது. ரஷியா ஸ்புட்னிக்-1 என்கிற செயற்கைக் கோளை அனுப்பி நான்கு மாதங்களுக்குப் பிறகு அமெரிக்கா எக்ஸ்புளோரர்-1 என்கிற செயற்கைக் கோளை ஜனவரி 31, 1958 இல் முதன் முதலில் அனுப்பி வெற்றி கண்டது.

இந்தச் செயற்கைக் கோளை அமெரிக்கா ஜுபிடர் - சி என்கிற ராக்கெட்டின் உதவியால் ஏவியது. இதனைக் கேப் கேனவரால் என்னும் ஏவுதளத்திலிருந்து ஏவப்பட்டது.

இதற்கு ராணுவம் முழு பொறுப்பு எடுத்துக் கொண்டது. இந்தச் செயற்கைக்கோள் நீள் வட்டப்பாதையில் சுற்றியது. இது பூமிக்கு அண்மையில் 360 கிலோ மீட்டர் உயரத்திலும், பூமிக்குத் தொலை வில் 2460 கிலோ மீட்டர் உயரத்திலும் சுற்றி வந்தது. இது 8.3 கிலோ எடை கொண்டது.

இந்தச் செயற்கைக் கோள் சிறிய அறிவியல் உபகரணங்களை எடுத்துச் சென்றது. இது பூமியைச் சுற்றியுள்ள காந்தப் புலன்களைக் கண்டறிந்தது. இந்தச் செயற்கைக்கோளில் சிறிய உபகரணங்கள் எடுத்துச் சென்றதை வைத்து, எடை குறைந்த பொருட்களை எடுத்துச் செல்லும் விண்கலம் உருவாக வழிவகுத்தது.

அமெரிக்காவில் நாசா (NASA) என்கிற அமைப்பு உருவாக இந்தச் செயற்கைக் கோள் காரணமாக அமைந்தது. எக்ஸ்புளோரரைத் தொடர்ந்து அமெரிக்கா விண்வெளிப் போட்டியில் ஈடுபட்டது. பல செயற்கைக் கோளைத் தயாரித்து அனுப்பியது. எக்ஸ்புளோரர்-1 என்கிற செயற்கைக்கோள் 1970 -ஆம் ஆண்டில் செயலிழந்தது.

விண்வெளி கண்காணிப்பு வலையமைப்பு

யுனைடட் ஸ்டேட்ஸ் ஸ்பேஸ் சர்வெயிலன்ஸ் நெட்வொர்க் (எஸ்எஸ்என்) 1957 -ஆம் ஆண்டு முதல் விண்ணில் இருக்கின்ற பொருட்களை கண்டறிந்து அவற்றை கண்காணிக்க அமைக்கப் பட்டது.

சோவியத் நாட்டினர் விண்வெளி கலத்தை ஸ்புட்னிக்கை ஏவியதன் மூலம் துவக்கினர். அன்று முதல் எஸ்எஸ்என் பூமியை சுற்றி 26,000க்கும் மேற்பட்ட விண்தட்டுக்களைக் கண்டுபிடித்துள்ளது.

தற்சமயம், எஸ்எஸ்என் மனிதனால் உண்டாக்கப்பட்ட 8,000க்கும் மேற்பட்ட கோளப்பாதை சுற்றும் விண்தட்டுக்களை கண்டு பிடித்துள்ளது.

மீதமுள்ள செயற்கைக்கோள்கள் புவியின் காற்று மண்டலத்தின் வாயிலாக நுழையும் பொழுது உருக்குலைந்து போயுள்ளன அல்லது நுழையும்பொழுது தாக்கம் இன்றி உள்ளே வந்து பூமியின் மீது தாக்கத்தை உண்டு பண்ணியுள்ளன.

பூமியைச் சுற்றிவரும் விண்வெளி பொருட்களில் அதிக எடை கொண்டுள்ள செயற்கைக் கோள்கள் மற்றும் 10 பவுண்ட் எடையை கொண்டுள்ள ராக்கெட்களும் சேரும்.

விண்வெளியில் இருக்கின்ற செயற்கைக்கோள்களில் ஏழு சதவீதம் வேலை செய்யும் நிலையில் இருக்கின்றன. மீதி இருப்பன விண்வெளி குப்பையாகும். USSTRATCOM செயல்பாட்டில் இருக்கின்ற செயற்கைக்கோள்களை கண்காணிப்பதுடன் அது விண்வெளி குப்பையையும் கண்காணிக்கிறது. இல்லையேல், இந்த குப்பை பூமிக்கு திரும்ப வரும்போது ஏவுகணை என்று தவறாக எடுத்துக் கொள்ளப்படலாம்.

எஸ்எஸ்என் பத்து சென்டிமீட்டர் வட்டக் குறுக்களவு கொண்ட விண்வெளி பொருட்களையும் (பேஸ் பால் அளவு) அல்லது அதை விட பெரிதாக இருக்கும் பொருட்களையும் கண்காணிக்க உதவு கிறது.

◻

3. செயற்கைக்கோள் வகைகள்

செயற்கை கோள்களின் சுற்று வட்டப்பாதைகள் அதிலுள்ள உணர்வியின் செயல்படும் திறன் மற்றும் நோக்கத்தின் அடிப்படையில் வடிவமைக்கப்படுகின்றது.

செயற்கைக்கோள்களின் உயரம், முறைப்படுத்துதல் மற்றும் புவித் தொடர்பு சார்ந்த சுழற்சி ஆகியவற்றின் அடிப்படையில் செயற்கைக் கோள்களை கீழ்க்கண்டவாறு வகைப்படுத்தலாம்.

1. புவிநிலை செயற்கைகோள்
2. துருவ செயற்கைகோள் அல்லது சூரியநிலை செயற்கைக் கோள்
3. உளவு செயற்கைகோள்

1. புவிநிலை செயற்கைகோள்கள்

இவை, புவிநடுக்கோட்டுப்பகுதியில் சுமார் 35,000 கி.மீ. உயரத்தில் மேற்கிலிருந்து கிழக்கு நோக்கிச் சுற்றிவரும் செயற்கைக்கோள் களாகும். இவை ஒரு சுழற்சியை 24 மணி நேரத்தில் பூர்த்தி செய்கின்றது.

இச்செயற்கைகோள்கள் ஒரு குறிப்பிட்ட இடத்தை மட்டும் தொடர்ந்து கண்காணித்து தகவல்களை சேகரிக்கின்றது. இவை 70^0 வடக்கு முதல் 70^0 தெற்கு அட்சம் வரை உள்ள பகுதிகளை மட்டுமே படம்பிடிக்கும் பரப்பாக எடுத்துக்கொள்கிறது.

ஒரு செயற்கைகோள் புவியின் மூன்றில் ஒரு பகுதியை ஒரே நேரத்தில் கண்காணிக்க வல்லது. தகவல் தொடர்பிற்காகவும் வானிலைசார் தகவலுக்காகவும், இவ்வகை செயற்கைக்கோள்கள் பயன்படுத்தப்படுகின்றன.

GOES, METEO SAT, INTEL SAT, INSAT செயற்கைக்கோள்கள் இவ் வகையைச் சார்ந்தது. இந்தியா தன் முதல் புவிநிலைச் செயற்கை கோளான APPLE-ஐ ஜுன் 19,1981இல் ஏவியது. இது C அதிர்வெண் பட்டை (C-band) செலுத்தி வாங்கியை (transponder) கொண்ட இந்திய வானிலை ஆராய்ச்சி நிறுவனத்தால் (ISRO) சோதனை அடிப்படையில் செலுத்தப்பட்ட முதல் உள்நாட்டு தகவல் தொடர்பு செயற்கைக்கோளாகும்.

செலுத்தி வாங்கி (transponder)

டிரான்ஸ்பாண்டர் என்பது வயர்லெஸ் சாதனம் ஆகும், இது விமானம் மற்றும் செயற்கைக்கோள்களில் பயன்படுத்தப்படும் அதிர்வெண் மற்றும் சமிக்ஞை அடிப்படையிலான தொழில் நுட்பத்தில் வேலை செய்கிறது.

இது உள்வரும் சமிக்ஞைகளைப் பிடித்துத் தானாகவே பதிலளிக்கும். டிரான்ஸ்பாண்டர் என்பது வயர்லெஸ் தானியங்கி பதிலளிக்கும் சாதனம் என்று நாம் கூறலாம்.

ஒரு டிரான்ஸ்பாண்டர் இரண்டு அத்தியாவசிய செயல்பாடுகளைச் செய்கிறது. இது உள்ளீட்டு சமிக்ஞைகளை மாற்றுகிறது மற்றும் பெறப்பட்ட சமிக்ஞைகளின் அதிர்வெண்ணையும் மொழிபெயர்க் கிறது.

டிரான்ஸ்பாண்டர்களின் வகைகள்

முக்கியமாக இரண்டு வகையான டிரான்ஸ்பாண்டர்கள் உள்ளன. அவை:

1. வளைந்த குழாய் டிரான்ஸ்பாண்டர்கள்

வளைந்த குழாய் டிரான்ஸ்பாண்டர் உள்ளீட்டு சமிக்ஞையின் அதிர்வெண்ணைக் கதிரியக்க அதிர்வெண்ணாக மாற்றுகிறது, பின்னர் அதை அதிகரிக்கிறது. இது மைக்ரோவேவ் அலைவரிசை சமிக்ஞையைப் பெறுகிறது. வளைந்த குழாய் டிரான்ஸ்பாண்டர் ரிப்பீட்டர் மற்றும் வழக்கமான டிரான்ஸ்பாண்டர் என்றும் அழைக்கப்படுகிறது.

2. மீளுருவாக்கம் செய்யும் டிரான்ஸ்பாண்டர்

மீளுருவாக்கம் செய்யும் டிரான்ஸ்பாண்டர் ஒரு செயலாக்க டிரான்ஸ்பாண்டர் என்றும் அழைக்கப்படுகிறது. வளைந்த குழாய் டிரான்ஸ்பாண்டரின் செயல்பாடுகளைத் தவிர, இது சமிக்ஞைகள் மற்றும் பண்பேற்றத்தை மீண்டும் உருவாக்குகிறது மற்றும் பேஸ் பேண்டிற்கு கதிரியக்க அதிர்வெண் கேரியரை மாற்றி அமைக்கிறது. இது டிஜிட்டல் சிக்னல்களுக்கு ஏற்றது.

2. துருவச் செயற்கைகோள் அல்லது சூரியநிலை செயற்கைகோள்

இவ்வகை செயற்கைகோள்கள் ஒரு துருவத்திலிருந்து மற்றொரு துருவத்தைச் சுற்றி வருகின்றன. புவிச் சுழலாமல் இருந்தால்கூட இவற்றின் கிழக்கு - மேற்கு அமைவிடம் மாறாமல் இருக்கும்.

புவியிலிருந்து பார்த்தால் இவை மேற்கு நோக்கி நகர்வதுபோல் தோன்றும். இவ்வகை நகர்வு புவியின் அடுத்த பரப்பைப் பிடிப்பகுதி யாகக் கொள்வதன் மூலம் புவிப்பரப்பு முழுவதும் இவற்றால் உரித்திரிபு (Scan) செய்ய முடிகிறது. அனைத்து புவிவள செயற்கைக் கோள்களும் இவ்வகையைச் சார்ந்தவை.

3. உளவுச் செயற்கைக்கோள்

இராணுவ மற்றும் அரசியல் சார்ந்த தகவல்களுக்காக புவியைச் சுற்றி வரும் கண்காணிப்பு கருவியாக இந்த வகை செயற்கைக்கோள்கள் உள்ளன.

இவற்றால் புவிக்கு அனுப்பப்படும் தகவல்களை வாசிங்டனில் அமைந்துள்ள அமெரிக்க ஐக்கிய நாட்டின் ரகசிய வசதி கொண்ட

புகைப்பட விவரண மையத்தில் உள்ள நிபுணர்களால் குறுக்கீடு செய்யப்பட்டு தகவல்கள் சேகரிக்கப்படுகின்றன.

உளவுச் செயற்கை கோள்களில் நான்கு அடிப்படை வகைகள் உள்ளன. அவை:

1. புலப்படும் மற்றும் அகச்சிவப்பு கதிர்கள் மூலமான சமிக்ஞை களைப் படப்பதிவு செய்யும் அமைப்பு.
2. ஏவுகணைகளைக் கண்டறிய வடிவமைக்கப்பட்ட அகச்சிவப்பு தொலைநோக்கி.
3. இரவு நேரம் மற்றும் மேக கூட்டத்தின் போதும் நிலத்தோற்றம் மற்றும் நீர்நிலைகளைப் படமாக்கும் ரேடார்.
4. ஃபெர்ரட் எனப்படும் சமிக்ஞை நுண்ணறிவு (SIGNIT-Signal Inteligence Satelite) சோதனை செயற்கைக்கோள்.

சில நேரங்களில் முதல் மற்றும் நான்காம் வகைகளை ஒன்றிணைத்து, அமெரிக்க ஐக்கிய நாட்டின் திறவுகோல் (Key-hole) தொடர் போன்ற பெரிய அளவிலான மேடைகளும் பயன்படுத்தப்படுகின்றன.

அநேக நாடுகள் உளவு செயற்கைகோள்களை ஏவியிருந்த போதிலும் அமெரிக்க ஐக்கிய நாடுகள் மற்றும் ரஷ்யா மட்டுமே அதிக எண்ணிக்கையிலான செயற்கைக்கோள்களை ஏவியுள்ளன.

1991 -ஆம் ஆண்டுக்கு பிறகு சோவியத் கூட்டமைப்பின் பெரும் பான்மையான விண்வெளி அமைப்புகளைத் தனதாக்கிக் கொண்ட ரஷ்யா, இச்செயற்கை கோள்களின் திறன் மற்றும் வலைத் தொடர்பை மேம்படுத்தத் தேவையான நிதி ஒதுக்கீடு செய்யவில்லை.

ஆனால் அமெரிக்க ஐக்கிய நாடோ மிக நவீன உளவு செயற்கை கோள்களை அதிக எண்ணிக்கையில் ஏவியுள்ளது. தற்போதுள்ள திறன் மிகுந்த உளவு செயற்கைக்கோள்களில் பெரும்பான்மை யானவை இந்நாட்டைச் சார்ந்ததாகும். கொரோனா (Corona), மிடாஸ் (MIDAS) மற்றும் சாமாஸ் (SAMAS) போன்றவை அமெரிக்கா வால் முன்பு ஏவப்பட்ட உளவு செயற்கைக்கோள்களாகும்.

செயற்கைக்கோள் சேவைகள்

இராணுவத்துடன் தொடர்பில்லாமல் இருக்கின்ற செயற்கைக் கோள் சேவைகள் மூன்று வகைப்படுகின்றன. அவை என்ன என்பதை சுருக்கமாகப் பார்ப்போம்.

ஒரே இடத்தில் பொருத்தப்பட்டுள்ள செயற்கைக்கோள் சேவை

ஒரே இடத்தில் பொருத்தப்படுகின்ற செயற்கைக்கோள் சேவைகள் பல்லாயிரக்கணக்கான ஒலி, ஒளி மற்றும் தகவல் பரிமாற்றங்களில் ஈடுப்பட்டிருக்கின்றன.

இவை உலகின் ஒரு சில குறிப்பிட்ட இடங்களுக்கு மத்தியில் நடந் தாலும் இந்த சேவை மூலம் உலகத்தின் கண்டங்களுக்கும், மற்ற நாடுகளுக்கும் இடையே ஒலி, ஒளி மற்றும் தகவல்கள் எடுத்துச் செல்கின்றன.

நகர்ந்துகொண்டே இருக்கும் செயற்கைக்கோள் அமைப்புகள்

தனித்து விடப்பட்டிருக்கும் பகுதிகள், வாகனங்கள், கப்பல்கள், மக்கள் மற்றும் வான ஊர்திகளை தொடர்பு எல்லைக்கு உட்படுத்து வதுடன் மற்ற தகவல் நிலையங்களுடன் தொடர்பை ஏற்படுத்து கின்றன இந்த நகர்நிலைச் செயற்கைக் கோள் அமைப்புகள்.

அறிவியல் ஆராய்ச்சி செயற்கைக்கோள்

எரிமீன்கள் பற்றிய தகவல்கள், நிலம் கண்காணிப்புத் தகவல்கள் போன்றவற்றை அறிவியல் ஆராய்ச்சி செயற்கைக் கோள்கள் தருகின்றன.(எ.கா., தொலை உணர்வு அறிதல்).

மேலும் அமெச்சூர் ரேடியோ, புவி அறிவியல், கடல் அறிவியல், காற்றுமண்டல ஆராய்ச்சிகள் போன்ற மற்ற ஆராய்ச்சி நுட்பங் களில் தன்னை ஈடுபடுத்திக் கொண்டுள்ளது.

செயற்கைக்கோள்களுக்கு எதிரான ஆயுதங்கள்/கில்லர் சாட்டி லைட்கள் எதிராளிகளின் செயற்கைக்கோள்கள், ஆயுதங்கள் மற்றும் மற்ற விண்வெளி சொத்துகளை அழிக்கக்கூடிய வல்லமையைக் கொண்டுள்ளன.

இவைகளிடத்தில் துகள் ஆயுதங்கள், ஆற்றலால் செயல்படுகின்ற ஆயுதங்கள், கைனடிக் ஆயுதங்கள், அணு மற்றும் மரபுக்கு உட்பட்ட ஏவுகணைகள் இருக்கின்றன.

வானியல் செயற்கைக்கோள்கள் தூரத்தில் இருக்கும் கிரகங்கள், நட்சத்திர மண்டலங்கள், மற்றும் விண்வெளியில் இருக்கும் பொருட்களை கண்காணிக்கின்றன.

பயோ சாட்லைட்கள் உயிருள்ள ஜீவன்களை அறிவியல் சோதனை களுக்காக விண்ணுக்கு எடுத்து செல்லத் தயாரிக்கப்பட்டுள்ளன.

தகவல் தொடர்பு செயற்கைக்கோள்கள் வானில் தொலை நோக்குத் தகவல் தொடர்பு பெறுவதற்காக அனுப்பப்பட்டுள்ளன.

நவீன தகவல் தொடர்பு செயற்கைக்கோள்கள் புவியிணக்கப் பாதை, மோல்நியா ஆர்பிட் அல்லது புவி அடி இருக்கும் கோளப்பாதை களை பயன்படுத்துகின்றன.

மினியேச்சரைஸ்டு சாட்லைட்கள் குறைவான எடைகளில் சிறிய அளவுகளில் வருகின்றன. இந்த செயற்கைக்கோள்களின் வகைகளா வன: மினி சாட்லைட், மைக்ரோ சாட்லைட் (100 கிலோவுக்கும் குறைவாக) நானோ சாட்லைட் (10 கிலோவுக்கும் குறைவாக).

நேவிகேஷனல் சாட்லைட்கள், ரேடியோ நேர சிக்னல்களை கொண்டு நிலத்தில் இருக்கும் நகரும் கருவிகளுக்கு தகவல்களை அனுப்புகின்ற செயற்கைக்கோள்கள் ஆகும்.

ரிகொனைசான்ஸ் சாட்லைட்கள் என்பது புவியை கண்காணிக்கும் செயற்கைக்கோளாகும் அல்லது இராணுவ உளவுக்காக பொருத்தப் பட்ட தகவல் தொடர்பு செயற்கைக்கோள் ஆகும்.

முழு ஆற்றலைக் கொண்டுள்ள இந்த செயற்கைக் கோள்களைப் பற்றி மிகக் குறைவாகவே தெரிய வந்துள்ளது. ஏனென்றால் இந்த செயற்கைக்கோள்களை பயன்படுத்தும் அரசாங்கம் இதனை மிக ரகசியமாக வைத்துக்கொள்கிறது.

புவி கண்காணிப்பு செயற்கைக்கோள்கள் இராணுவ வேலைகள் அல்லாது, சுற்றுப்புற சூழலை கண்காணித்தல், ஏரி மீன்கள் பற்றிய

படிப்பு, புவி வரைப்படம் உண்டாக்குதல் போன்றவைகளிலும் ஈடுபடுகின்றன.

விண்வெளி நிலையங்கள் மனிதனால் உருவாக்கப்பட்டவை. விண்வெளியில் மனிதர்கள் இருப்பதற்காக இவை உண்டாக்கப் பட்டுள்ளன.

மனிதனால் ஓட்டிச் செல்லப்படுகின்ற மற்ற விண்கலங்களை விட வித்தியாசமானவை இந்த விண்வெளி நிலையங்கள்.

இவற்றில் முன்செலுத்தல் மற்றும் தரை இறங்கும் வசதிகள் இல்லை என்பதே இதன் குறைபாடு.

கோளப் பாதைகளில் குறைந்த காலங்களுக்கு இருப்பதற்காக இந்த விண்வெளி நிலையங்கள் உருவாக்கப்பட்டுள்ளன. இது ஒரு சில வாரங்கள், அல்லது மாதம் அல்லது ஒரு சில வருடங்களாக கூட இருக்கலாம்.

டேதர் சாட்லைட் : இரு செயற்கைக்கோள்கள் டேதர் என்னும் ஒரு மெல்லிய கேபிளினால் ஒன்று சேர்க்கப்பட்டிருந்தால் அந்த செயற்கைக்கோள்கள் டேதர் செயற்கைக்கோள்கள் என்று அழைக்கப்படுகின்றன. வானிலை செயற்கைக்கோள்கள் பூமியின் வானிலை மற்றும் தட்ப வெப்ப நிலையை கண்டறிய பயன்படுத்தப் படுகின்றன.

கோளப் பாதைகளின் வகைகள்

முதல் செயற்கைக்கோளான ஸ்புட்னிக் 1, பூமியைச் சுற்றி இருக்கும் கோளப் பாதையில் செலுத்தப்பட்டிருந்தது. அந்த கோளப்பாதை ஜியோசென்ரிக் ஆர்பிட் என்று அழைக்கப்படுகிறது.

பூமியைச் சுற்றி இருக்கும் இந்த கோளப் பாதையில் கிட்டத்தட்ட 2456 செயற்கைக்கோள்கள் வலம் வருகின்றன. மேலும் இந்த ஜியோசென்ட்ரிக் ஆர்பிட்கள் அவற்றின் உயரம், சாயளவு மற்றும் உருவகத்தைப் பொருத்து வகைப்படுத்தலாம்.

உயரத்தை வைத்து இவற்றை புவியின் கீழ் இருக்கும் கோளப் பாதை, மத்தியப் புவி கோளப்பாதை, உயரிய புவி கோளப் பாதை என்று வகைப்படுத்தப்படுகின்றன.

2000 கி.மீ. குறைவாக இருப்பது எதுவாக இருந்தாலும் அது கீழ்நிலை கோளப் பாதையாகும். மத்திய நிலை கோளப் பாதை என்பது அதைவிட உயரத்தில் இருப்பது.

ஆனால் 35786 கி.மீ. உயரத்தில் இருக்கும் ஜியோ சின்க்ரோனஸ் கோளப் பாதையை விடக் குறைவாக உள்ளது.

உயரிய கோளப்பாதை என்பது, ஜியோ சின்க்ரோனஸ் கோளப் பாதையை விட உயர்ந்து இருக்கும் எந்தவொரு கோளப்பாதையும் ஆகும்.

மையத்தை வைத்து வகைப்படுத்துதல்

கேளக்டோ சென்ட்ரிக் ஆர்பிட் : நட்சத்திர மண்டலத்தை மையமாக கொண்டிருக்கும் கோளப் பாதையாகும். பால்வெளி நட்சத்திர மண்டல மையத்தைச் சுற்றி பூமியின் சூரியன் வலம் வருகிறது.

ஹீலியோசென்ட்ரிக் ஆர்பிட் : சூரியனைச் சுற்றி இருக்கும் கோளப் பாதை. நமது சூரிய குடும்பத்தில் இருக்கும் எல்லா கிரகங்களும், வால் நட்சத்திரங்களும், எரி நட்சத்திரங்கள் ஆகியவற்றுடன் செயற்கைக்கோள்கள் மற்றும் விண்வெளி குப்பைகளும் இந்த கோளப் பாதையில் இருக்கின்றன.

நிலாக்கள், ஹீலியோசென்ட்ரிக் ஆர்பிட்களில் சுழலாமல் தங்கள் தாய் கிரகத்தை தாமாகவே சுற்றி வருகின்றன.

ஜியோ சென்ட்ரிக் ஆர்பிட் : பூமியை சுற்றி இருக்கும் ஒரு கோளப் பாதை யாகும். இதில் நிலா, செயற்கைக்கோள்கள் வலம் வருகின்றன. தற்சமயம் பூமியை சுற்றி ஏறத்தாழ 2465 செயற்கைக் கோள்கள் உள்ளன.

ஏரியோசென்ட்ரிக் ஆர்பிட் : செவ்வாய் கிரகத்தை சுற்றி இருக்கும் கோளப்பாதை, இதில் நிலாக்கள் அல்லது செயற்கைக் கோள்கள் வலம் வருகின்றன.

உயரத்தைப் பொறுத்து வகைப்படுத்ததல்

புவியின் கீழ் மட்டக் கோளப் பாதை : ஜியோ சென்ட்ரிக் ஆர்பிட்கள் 0-2000 கி.மீ. உயரத்தில் இருக்கின்றன. (0-1240 மைல்கல்)

புவியின் மத்திய நிலை கோளப்பாதை : ஜியோ சென்ட்ரிக் ஆர்பிட்கள் 2000 கி.மீ.க்கு மேல் உயர்ந்து உள்ளது. (1240 மைல் களில்) இருந்து ஜியோ சின்க்ரோனஸ் ஆர்பிட்களுக்கு சற்று கீழ் வரை இருக்கிறது.

அதாவது 35786 கி.மீ.க்கு சற்று கீழ் வரை இது நீட்டி இருக்கிறது. (22240 மைல்கள்). இதனை மத்திய வட்ட கோளப் பாதை என்றும் அழைப்பர்.

புவியின் மேல் மட்டத்தில் இருக்கும் கோளப் பாதை : ஜியோ சின்க்ரோனஸ் ஆர்பிட்களுக்கு மேல் இருக்கும் ஜியோ சென்ட்ரிக் ஆர்பிட்கள். 35786 கி.மீ.க்கு மேல் (22240 மைல்கள்).

சாய்வளவை கொண்டு வகைப்படுத்துதல்

இங்கலைன்ட் ஆர்பிட் : நில நடுக்கோட்டை மையமாகக் கொண்டு பார்க்கும்பொழுது சாய்வளவின் டிகிரி பூஜ்யமாக இருக்காது.

போலார் ஆர்பிட் : கோளப் பாதை பூமி சுழற்சி பொழுது பூமியின் இரு துருவத்திற்கும் சற்று மேலே அல்லது முழுவதும் மேலே தோன்றி னால் அதற்கு போலார் ஆர்பிட் என்ற பெயர். இதன் சாய்வளவு 90 டிகிரிஆக உள்ளது அல்லது 90 டிகிரிக்கு அருகில் இருக்கும்.

போலார் சன் சின்க்ரோனஸ் ஆர்பிட் : பூமத்திய ரேகை வழியாக செல்லும் அதே சமயத்தில் துருவ கோளப் பாதை வழியும் செல்கிறது.

இது புகைப்படம் எடுக்க உதவியாக இருக்கிறது. ஏனென்றால் செயற்கைக்கோள் புகைப்படம் எடுக்கும் சமயத்தில் நிழல் விழாமல் இருக்கிறது.

உருவகத்தின் அமைப்பை பொருத்து வகைப்படுத்துதல்

வட்ட கோளப்பாதை : ஒரு கோளப்பாதையின் வடிவம் 0 போல் இருந்தாலோ அல்லது அது வட்டமாக இருந்தாலோ அதனை வட்ட கோளப்பாதை என்று கூறலாம்.

ஹோரமேன் மாற்று கோளப் பாதை : ஒரு வட்ட கோளப் பாதையில் இருந்து மற்றொரு வட்ட கோளப் பாதைக்கு விண்கலம் இரண்டு பொறிகளின் துடிப்பின் உதவி கொண்டு மாற்றப்பட்டால் அதனை

ஹோமேன் மாற்று கோளப்பாதை என்று அழைப்பர். இந்த மாற்றம் வால்டர் ஹோமேனின் பெயரை கொண்டு அழைக்கப்படுகிறது.

நீள் வட்டக் கோளப் பாதை : நீள் வட்டத்தின் வடிவத்தை கொண்டுள்ள இந்த கோளப்பாதை *0*-விட அதிகமாகவும் *1*-ஐ விட குறைவாகவும் உருவகம் கொண்டுள்ளது

ஜியோ சின்க்ரோனஸ் மாற்றம் கொண்ட கோளப் பாதை : குறைவான மட்டத்தில் உள்ள புவி கோளப்பாதையின் உச்ச கட்டத்தில் இருக்கும் பேரிகீ மற்றும் ஜியோசின்க்ரோனஸ் கோளப்பாதையின் உச்ச கட்டத்தில் இருக்கும் அபோகீயில் இருப்பது நீள் வட்ட கோளப்பாதை ஆகும்.

மோல்நியா கோளப்பாதை : ஒரு முழுநாளில் பாதியை கோளப் பாதையில் சுழலும் நேரமாக (சுமார் *12* மணிநேரம்) வைத்திருக்கும் மிக நீளமான வட்ட கோளப்பாதை; அதன் சாய்வளவு 63.4^0 ஆக இருக்கிறது. இப்படிப்பட்ட செயற்கைக்கோள் கிரகத்தின் குறிப்பிட்ட இடத்திற்கு மேல் வலம் வரும்.

துன்றா கோளப்பாதை : ஒரு முழு நாளில் பாதியை கோளப்பாதையில் சுழலும் நேரமாக (சுமார் இருபத்திநான்கு மணிநேரம்) வைத்திருக்கும் மிக நீளமான வட்ட கோளப்பாதை; அதன் சாய்வளவு *63.40* ஆக இருக்கிறது. இப்படிப்பட்ட செயற்கைக்கோள் கிரகத்தின் குறிப்பிட்ட இடத்திற்கு மேல் வலம் வரும்.

ஹைபெர்போலிக் கோளப்பாதை : கோளப்பாதையின் உருவம் 1க்கு மேல் இருக்கும். அப்படிப்பட்ட கோளப்பாதைக்கு இருக்கும் திசை வேகம் தப்பிக்கும் திசை வேகத்தை விட அதிகமாக இருக்கிறது. இதனால் கிரகத்தின் புவி ஈர்ப்பிலிருந்து விடுபட்டு அது, தொடர்ந்து எந்த வரைமுறையும் இன்றி சுழலுகிறது.

பாரபோலிக் கோளப்பாதை : இந்த கோளப்பாதையின் உருவகம் 1க்கும் சமமாக இருக்கிறது. அப்படிப்பட்ட கோளப் பாதையின் தப்பிச் செல்லும் திசை வேகம் சாதாரணத் திசை வேகத்திற்கு சமமாக இருக்கிறது.

இது கிரகத்தின் புவி ஈர்ப்பிலிருந்து தப்பி கிரகத்தின் இணை திசை வேகம் 0 ஆக மாறும் வரை சுழலும். அப்படிப்பட்ட கொலப்பாடஹியின் வேகம் அதிகரித்தால் அதற்கு பெயர் ஹைபெர்போலிக் கோளப்பாதை.

எஸ்கேப் கோளப்பாதை : அதிவேக பாரபோலிக் கோளப் பாதையில் சுழலும் பொருளுக்கு திசை வேகம் இருக்கும் பொழுது மற்றும் அது கிரகத்தில் இருந்து செல்லும் பொழுது அதனை எஸ்கேப் கோளப் பாதை என்று அழைப்பர்.

கேப்சர் கோளப்பாதை : அதிவேக பாரபோலிக் கோளப் பாதையில் சுழலும் பொருளுக்கு திசை வேகம் இருக்கும் பொழுது மற்றும் அது கிரகத்தை நோக்கி செல்லும்பொழுது அதனை கேப்சர் கோளப் பாதை என்று அழைப்பர்.

ஒரே மாதிரி அமைப்பு வகைபடுத்துதல்

சின்க்ரோனஸ் கோளப்பாதை : பூமியின் சுழற்சி காலத்திற்கு (பூமிக்கு: 23 மணி நேரம் , 56 நிமிடங்கள், 4.091 வினாடிகள்) ஈடிணையாக கோளப்பாதை சுழற்சி காலத்தை கொண்டுள்ளது ஒரு செயற்கைக் கோள்.

செயற்கைக்கோளும் சுழலுகின்ற பொருளும் ஒரே திசையில் சுழலும் பொழுது இது நடைபெறுகிறது. தரையில் இருந்து வேடிக்கை பார்ப்பவருக்கு வானில் செயற்கைக்கோள் அனலேம்மா வடிவத்தில் சுழலுவது போல் தோன்றும்.

செமி-சின்க்ரோனஸ் கோளப்பாதை : ஒரு கோளப்பாதை சுமார் 20200 கி.மீ. உயரத்துடனும் (12544.2 மைல்கள்) மற்றும் அதனது சுழற்சி காலமானது பூமியின் சுழற்சி காலத்திற்கு சரி பாதியாக இருந்தால் (அதாவது பன்னிரண்டு மணி நேரம்), அந்த கோளப்பாதைக்கு செமி-சின்க்ரோனஸ் என்று பெயர்.

ஜியோ எம்இ கோளப்பாதை : இவற்றின் உயரம் சுமார் 35786 கி.மீ. (22240 மைல்கள்) ஆக உள்ளது. இதில் வலம் வரும் செயற்கைக் கோள் அனலேம்மா வடிவில் வானில் சுழலும் (8 வடிவில்).

ஜியோ ஸ்டேஷனரி கோளப்பாதை : ஒரு ஜியோ சின்க்ரோனஸ் கோளப்பாதையின் சாயளவு பூஜ்ஜியமாக இருக்கும். தரையில் இருந்தது பார்ப்பவருக்கு இந்த செயற்கைக் கோள் வானில் ஒரே இடத்தில் இருப்பது போல் தோன்றும்.

கிளார்க் கோளப்பாதை : ஜியோ ஸ்டேஷனரி கோளப் பாதைக்கு மற்றும் ஒரு பெயர். இது அறிவியல் ஆராய்ச்சியாளர் மற்றும் எழுத்தாளர் ஆர்தர் சி.கிளார்க்கின் பெயரை கொண்டுள்ளது.

சூப்பர் சின்க்ரோனஸ் கோளப்பாதை : ஜிஎஸ்ஓ/ஜியோக்கு மேல் இருக்கும் சேமிப்பு மையம் அல்லது குப்பை சேகரிக்கும் இடமாக இருக்கும் ஒரு கோளப்பாதை ஆகும்.

இங்கோ செயற்கைக்கோள்கள் மேற்கை நோக்கி நகருகின்றன. இதனை தேவையில்லாத பொருட்களை சேகரிக்கும் கோளப்பாதை என்று அழைத்தால் தகும்.

சப்சின்க்ரோனஸ் கோளப்பாதை : ஜிஎஸ்ஓ/ஜியோக்கு கீழே இருக்கும் ஒரு தனி கோளப்பாதையாகும். இங்கு செயற்கைக் கோள்கள் கிழக்கை நோக்கி செல்கின்றன.

டிஸ்போசல் கோளப்பாதை : ஜியோ சின்க்ரோனஸ் கோளப்பாதைக்கு ஒரு சிறு கி.மீ.க்கு மேல் இருக்கின்றது. செயற்கைக்கோள்கள் தங்கள் வாழ்க்கையின் முடிவுக்கு பின்னர் இங்கு அனுப்பப்படுகின்றன.

ஏரியோசின்க்ரோனஸ் கோளப்பாதை : செவ்வாய் கிரகத்தை சுற்றி இருக்கும் சின்க்ரோனஸ் கோளப்பாதை, சுழற்சி காலத்தை செவ்வாய் கிரகத்திற்குச் சமமாக கொண்டுள்ளது. (ஒரு நாள், *24.6229* மணி நேரம்).

ஏரியோ ஸ்டேஷனரி கோளப்பாதை : வெப்ப மண்டல பரப்பில் வட்ட வடிவில் இருக்கும் ஏரியோசின்க்ரோனஸ் கோளப்பாதை மேற் பரப்புக்கு மேலே *17000* கி.மீ. *(10557* மைல்கள்) அளவில் இருக் கிறது. கீழிருந்து வானைப் பார்ப்பவருக்கு இந்த செயற்கைக்கோள் ஒரே இடத்தில் இருப்பது போல் தோன்றும்.

ஹீலியோ சின்க்ரோனஸ் கோளப்பாதை : சூரியனைச் சுற்றி இருக்கும் ஹீலியோ சென்ட்ரிக் கோளப்பாதையில் செயற்கைக்கோள் சூரியனின் சுழற்சி காலத்துக்கு இணையான கோளப்பாதை சுழற் காலத்தை கொண்டுள்ளது.

சூரியனை சுற்றியும் செவ்வாய் கிரகத்தின் கோளப்பாதை ஆரையின் பாதியளவாய் இருக்கும் இந்த கோளப்பாதைகளின் ஆரைகள் 24,360 Gm (0, 1628 AU).

தனிப்பட்ட வகைகள்

சன் சின்க்ரோனஸ் கோளப்பாதை : இந்த கோளப்பாதை உயரத்தையும் சாயளவையும் ஒரு விதமாக இணைக்கிறது. அப்பொழுது கோள்கள் மேற்பரப்பின் மீது வலம் வருகின்ற செயற்கைக்கோள்கள் சூரியனின் நேரப்படி வலம் வருகின்றன. இப்படிப்பட்ட கோளப்பாதையில் சுழலுகின்ற செயற்கைக்கோள்கள் சூரிய வெளிச்சத்துக்கு வெளிப் பட்டு இருப்பதால் இவை படம் பிடிக்க, உளவு பார்க்க, மற்றும் வானிலை ஆய்வு செய்ய உதவியாக இருக்கின்றன.

நிலவு கோளப்பாதை : பூமியை சுற்றி வருகின்ற நிலாவின் கோளப் பாதை பண்புகளை கொண்டுள்ளது. இதனது சராசரி உயரம் 384403 கிலோமீட்டராகும், நீள் வட்ட-சாயளவு கொண்ட கோளப்பாதை.

மறைந்து இருக்கும் கோளப்பாதை வகைகள்

குதிரை லாடம் கோளப்பாதை : தரையில் இருந்து பார்ப்பவருக்கு ஒரு தனிப்பட்ட கோளை சுற்றி வருகின்ற கோளப்பாதையாக தெரிவது, உண்மையாக அந்த கோளின் மற்றொரு கோளப்பாதையில் இருக் கிறது.

எக்சோ-கோளப்பாதை : ஒரு விண்கலம் கோளப்பாதையின் உயரத்தை அடைந்தாலும் அந்த அளவில் சுற்றிவர அதற்கு போதிய திசை வேகம் இருப்பதில்லை.

புரோகிரேடு ஆர்பிட் : இந்த கோளப் பாதையின் சாயளவு 90^0 விட குறைவாக உள்ளது. மூல கோளப்பாதை சுழலும் திசையிலேயே இதுவும் சுழலும்.

ரெட்ரோகிரேடு ஆர்பிட் : இந்த கோளப் பாதையின் சாயளவு 900 விட அதிகமாக உள்ளது. இது கோளின் சுழற்சி முறைக்கு எதிரான திசையில் சுழலுகிறது.

சன்-சின்க்ரோனஸ் ஆர்பிட்டை தவிர சில செயற்கைக்கோள்கள் ரெட்ரோக்ரேட் ஆர்பிட்டிலும் செலுத்தப்படுகின்றன. இது ஏன் என்றால் புரோகிரேடு ஆர்பிட்டில் செலுத்தப்படும் பொழுது தேவையாக இருக்கும் எரிபொருளை விட இங்கு குறைவாகவே தேவைப்படுகிறது.

ஏவுகணை பூமியில் இருந்து புறப்படும் பொழுது அதனது திசை வேகம் கிழக்கை நோக்கி இருக்கிறது. இது ஏவுகணை செலுத்தப் படும் நில நடுக்கோட்டின் சுழல் திசை வேகத்திற்கு, சமமாக இருக்கிறது.

ஹாலோ ஆர்பிட் மற்றும் லிசாஜூஸ் ஆர்பிட் : இவை லாக்ரேஞ்சியன் புள்ளிகளை சுற்றி வலம் வருகின்றன.

இந்தியப் பயன்பாடு

'இந்தியாவில், கிராமங்களின் வேளாண்மை அபிவிருத்திக்கும் பாமரர்க்கு கல்வியும் பயிற்சியும் ஊட்டவும் நவீன செயற்கைக் கோள் ஊடகமாக அமைய வேண்டும்' என்றார் இந்திய விண்வெளித் துறை அறிஞர் டாக்டர் விக்ரம் சாராபாய்.

முதன் முதலில் ஆமதாபாதிலுள்ள 'செயற்கைக்கோள் பயன்பாட்டு மையம்' 1975 ஜுன் மாதத்தில் 'ஏ.டி.எஸ் -6' எனும் அமெரிக்க நாட்டு தொழில்நுட்ப செயற்கைக்கோள் உதவியுடன் 'சைட்' எனப்படும் செயற்கைக்கோள் வழி கல்வி புகட்டும் தொலைக்காட்சிப் பரிசோதனை நடத்தியது.

இந்த 'சைட்' திட்டத்தின்கீழ் ஆந்திரப்பிரதேசம், பிகார், மத்தியப் பிரதேசம், ஒடிஸா, ராஜஸ்தான் ஆகிய மாநிலங்களைச் சேர்ந்த சுமார் இரண்டாயிரத்துக்கும் மேற்பட்ட கிராமங்கள் பயன்பெற்றன.

1982 ஏப்ரல் மாதம் 'இன்சாட்' என்னும் இந்திய தேசிய செயற்கைக் கோள் திட்டத்தின்கீழ் தகவல் தொடர்பு செயற்கைக்கோள்கள் செலுத்தப் பெற்றன.

நம் நாட்டில் வானிலை ஆராய்ச்சி, வேளாண்மை, குடும்ப நலம், தேசிய ஒருமைப்பாடு போன்ற நலத்திட்டங்கள் பெருகுவதற்கு உரிய தொடக்க முயற்சியாக அது அமைந்தது.

செயற்கைக்கோள் வழி தொலை மருத்துவம், தொலை கல்வி, பேரிடர் மேலாண்மை உதவித் திட்டங்கள், கைப்பேசி சேவைகள், விபத்தில் சிக்கியவர்களைக் கண்டறிதல், இருப்பிடம் காட்டும் அமைப்பு (ஜிபிஎஸ்), திறன் கூட்டிய பயண அமைப்பு ஆகியவை இந்திய விண்வெளிப் பயன்பாடுகளில் சில.

ஐக்கிய நாடுகளின்கீழ் இயங்கி வரும் 'ஆசிய - பசிபிக் நாடுகளில் விண்வெளி அறிவியல் மற்றும் தொழில்நுட்ப கல்வி மையம்' இந்தியாவில் செயற்கைக்கோள் வழி தகவல் தொடர்புக்கான முதுநிலைப் பட்ட வகுப்புகள் நடத்தியது.

அண்மையில் அறிமுகமான 'விண்வெளிச் செயற்கைக்கோள் வழி கல்வி மேம்பாட்டுத் திட்டம்' ('சுவர்ண ஜயந்தி வித்யா விகாஸ் அந்தரீக்ஷ உபகிரஹ் யோஜனா') இந்தியாவின் கிராமப்புறங்களை நோக்கிய செயல் திட்டம் ஆகும்.

வெளிநாடுகளில் இணையம் வழி நடத்தப்படும் 'மாய வகுப்புகள்' வந்து விட்டன. வீட்டில் தொலைக்காட்சிப் பெட்டி முன்னால் அமர்ந்தபடி ஆசிரியர் ஆயிரம் கிலோமீட்டருக்கு அப்பால் இருந்து சொல்லித் தரும் பாடங்களை நேரில் உள்ளதுபோல் கேட்டுப் படிக்கலாம்.

இந்தியாவுக்கே, தொலை மருத்துவ வசதி குறிப்பாக, கிராமங்களுக்குப் பெரும் வரப்பிரசாதமாக அமையும். நோயாளிகள் அருகிலுள்ள நகரத்திற்கு செல்லாமல் தனது கிராமத்தில் இருந்தே சிகிச்சை பெறுவதுதான் தொலை மருத்துவ வசதி.

இதற்கு 'விசாட்' எனும் அலை திரட்டி வசதி மட்டும் போதும். இதைத்தான் 'புரா' என்ற பெயரில், நகர்ப்புற வசதிகளை கிராமங்களில் கொண்டு சேர்க்கும் திட்டமாக அறிமுகப்படுத்தினார் முன்னாள் குடியரசுத் தலைவர் டாக்டர் அப்துல் கலாம்.

ஹைதராபாத் நகரிலுள்ள தேசியத் தொலையுணர்வு மையத்தின் கீழ் தெற்கே பெங்களூர், வடக்கே டேராடூன், மத்திய மண்டலத்தில் நாகபுரி, கிழக்கே கரக்பூர், மேற்கே ஜோத்பூர் ஆகிய நகரங்களில் மண்டலத் தொலையுணர் சேவை மையங்கள் இயங்கி வருகின்றன. அவை விவசாய நிலங்கள் கண்காணிப்பு, பராமரிப்பு, சுற்றுச்சூழல் பாதுகாப்பு போன்ற பல வகைகளில் வேளாண் துறைக்கு உதவி வருகின்றன.

நீர்வள ஆதாரங்களைத் தேடுவதிலும் விண்வெளித் துறையின் பங்கு கணிசமானது. 'வேளாண் பருவநிலை திட்டமிடல் மற்றும் தகவல் சேமிப்புக் கிடங்கு' என்கிற திட்டத்தை இந்திய விண்வெளி நிறுவனம் கொள்கையளவில் அறிமுகப்படுத்தி இருக்கிறது.

விவசாயிகளின் நிலத் தன்மைக்கும் நீர் வளத்திற்கும் ஏற்ற பயிர்கள், கலப்பினப் பயிரிடல், தனியார் மற்றும் பொதுத் துறைகளில் இருந்து நிதி ஆதாரம் தேடுதல், உரங்கள், வித்துகள், பயிர்ப் பாதுகாப்பு, வேளாண் செலவினங்கள், விற்பனை சந்தை நிலவரங்கள், விளைச்சல், பயிர் இழப்புக் காப்பீடு போன்ற பல்வேறு தகவல்கள் அத்திட்டத்தில் இருந்து விவசாயிகளுக்கு வழங்கப்படும்.

இந்திய உயிரி தொழில்நுட்பத் துறையும் இந்திய விண்வெளித் துறையும் இணைந்து நடத்திய சில ஆய்வுகள் முக்கியமானவை. நாட்டின் வடகிழக்கு மாநிலங்கள், மேற்குத் தொடர்ச்சிமலை, மேற்கு இமாலயப் பகுதிகள் என 84,000 சதுர கி.மீ. பரப்பளவுக் காடுகள் செயற்கைக்கோள் பார்வைக்குப் பதிவாகி இருக்கின்றன. இது இந்திய மொத்த வனப் பரப்பில் 40 சதவீதம் ஆகும்.

1991 -ஆம் ஆண்டுக்குப் பிறகு, இந்தியாவில் வன அழிப்பு குறைந்து வருகிறதாம். 2010ஆம் ஆண்டு மேற்கொள்ளப்பட்ட வனம் - வேளாண் நிறுவன ஆய்வின்படி உலகிலேயே வனச் செழுமை மிக்க நாடுகளின் பட்டியலில் இந்தியா முதலிடம் வகிக்கிறது. ரஷியா, பிரேஸில், கனடா, அமெரிக்கா, சீனா, காங்கோ, ஆஸ்திரேலியா, இந்தோனேசியா, சூடான் ஆகிய நாடுகள் நமக்குப் பின்னால்தான் உள்ளன. இவை யாவும் செயற்கைக்கோள்கள் தரும் தகவல்கள்.

❑

4. ராக்கெட் கண்டுபிடித்த கதை

செயற்கைக்கோளை சுமந்து சென்று விண்வெளியில் நிலைநிறுத்துவதில் ராக்கெட்டுகளின் பங்கு முக்கியமானது. அந்த வகையில் விண்வெளி ஆய்வில் மனித சமுதாயம் புதிய சகாப்தத்தை அடைய ராக்கெட் தொழில்நுட்ப கண்டுபிடிப்புதான் அடிப்படை காரணமாக இருந்தது என்றால் மிகையல்ல.

விண்வெளி புரட்சிக்கு வித்திட்ட ராக்கெட் தொழில்நுட்பம் ஒரு சில ஆண்டுகளில் கண்டுபிடிக்கப்பட்டதில்லை. கிட்டத்தட்ட ஆயிரத்தி ஐநூறு ஆண்டுகளுக்கும் மேற்பட்ட தொடர்ச்சியான ஆய்வுகளின் முடிவில் கி.பி.1942 -ஆம் ஆண்டு தான் ராக்கெட் தனது மேம்பட்ட முதல் வடிவத்தை எட்டியது.

ஒவ்வொரு வினைக்கும் அதற்கு சமமான எதிர் வினை உண்டு என்ற நியூட்டனின் இயக்கவியல் விதியை அடிப்படையாக கொண்டுதான் ராக்கெட்டுகள் இயங்குகின்றன.

நியூட்டனின் இந்த இயக்கவியல் விதிகள் வகுக்கப்பட்டதோ கி.பி.பதினேழாம் நூற்றாண்டில் தான். ஆனால் விண்வெளிப் பயணம்

பற்றிய சிந்தனையும் ராக்கெட் உருவாக்கம் பற்றிய ஆய்வும் கி.மு. நான்காம் நூற்றாண்டிலிருந்தே துவங்கிவிட்டது.

ராக்கெட் எப்படி இயங்குகின்றது என்பதற்கு ரத்தின சுருக்க மாக விளக்கம் சொல்வதானால் ராக்கெட்டில் நுண்துளை (Nozzle) வாயிலாக அதிக அழுத்தத்தில் பீச்சியடிக்கப்படும் எரிபொருள் எரிந்து உருவாகும். அதற்கு இணையான எதிர்விசை மேல்நோக்கி செயல் பட்டு ராக்கெட்டை மேல்நோக்கி உந்தித் தள்ளுகிறது.

கிறித்து பிறப்பதற்கு முன்பே ராக்கெட் பற்றிய ஆய்வுகள் துவங்கு கிறது. கிரேக்கத்தை சேர்ந்த பல்துறை வல்லுனரான ஆர்ஸிடஸ் என்பவர் கி.மு. 375ஆம் ஆண்டு உந்து விசையால் இயங்கும் மரத்தால் ஆன 'தி பிஜியன்' என்று அழைக்கப்பட்ட பறவை ஒன்றை வடிவமைத்தார்.

நீராவியின் உந்து விசையைக்கொண்டு இயங்கிய அவரது மரத்தால் ஆன பறவை கிட்டத்தட்ட 200 மீட்டர் தூரம் வரை பறந்து அன்றைய மக்களை ஆச்சிரியத்தில் உறையச் செய்ததாக வரலாறு தெரிவிக் கிறது. இவரது இந்த கண்டுபிடிப்புதான் பல புதிய கண்டுபிடிப்பு களுக்கு திறவுகோலாக அமைந்தது என்றால் மிகையல்ல.

ஆர்ஸிடஸின் கண்டுபிடிப்பை அடிப்படையாகக் கொண்டு எகிப்த்தை சேர்ந்த பொறியாளரான ஹெரோன் (எ) ஹீரோ ஆப் அலெக்ஸாண்ட்ரியா என்பவர் ஏயோலிபிலி (Aeolipile) என்ற சாதனத்தை கி.பி. ஒன்றாம் நூற்றாண்டில் வடிமைத்தார்.

உலகின் முதல் நீராவி என்ஜின் என்று ஆதாரப் பூர்வமாக எல்லோ ராலும் ஏற்றுக்கொள்ளப்பட்ட ஏயோலிபிலி கிட்டத்தட்ட மூடப் பட்ட பாத்திரம் போன்ற அமைப்பைக் கொண்டதாக இருந்தது.

பாத்திரத்தின் மேற்புறம் செங்குத்தாக இணைக்கப் பட்டிருந்த இரண்டு குழாய்களை அச்சாக கொண்டு சுழலும் வகையில் உருளை ஒன்று இணைக்கப்பட்டிருந்தது.

உருளையின் எதிர் எதிர் துருவங்களில் குறுகிய துளைகளையுடைய இரண்டு 'எல்' வடிவ நாசில்கள் இணைக்கப்பட்டிருந்தன.

பாத்திரத்திற்குள் நீரை ஊற்றி கொதிக்க வைக்கும்போது நீர் ஆவியாகி வெளியேற வாய்ப்பின்றி அழுத்தப்பட்டு குழாய்களின் வழியாக உருளையை அடைந்து பின் மிகக் குறுகிய நாசில்கள் வழியாக அதிக வேகத்துடன் வெளியேறியது.

வெளியேறிய வேகத்திற்கு இணையான எதிர் விசை உருளையின் மீது செயல்பட்டு உருளையை சுழலச் செய்தது.

எதிர் எதிர் துருவங்களில் நாசில்கள் இணைக்கப்பட்டிருந்ததன் காரணமாக உருளை மிக வேகமாக சுழல ஆரம்பித்தது.

விளையாட்டு பொருள் போல இருந்த இந்த ஏயோலிபிலிதான் பிற்காலத்தில் நீராவி என்ஜின்கள் வடிவமைப்பதற்கு மூல காரண மாகவும், ராக்கெட்டுகள் வடிவமைத்திட முன்னோடி சிந்தனையாக வும் இருந்தது.

இதே காலகட்டத்தில் சீனாவில் மத விழாக்களின் போது பட்டாசு வெடித்து விழாக்களை கொண்டாடும் வழக்கம் நடைமுறையில் இருந்ததாக வரலாறு தெரிவிக்கிறது.

இந்த பட்டாசுகளை சீனர்கள் சால்ட்பெட்டர், சல்பர், கரித்தூள் ஆகியவற்றை பயன்படுத்தி தயாரித்திருந்தனர்.

தற்செயலாக ஒரு நாள் வெடிக்காத பட்டாசு ஒன்று புகையை கக்கிக்கொண்டு முன்னோக்கி வேகமாக பாய்ந்து சென்றது.

இது தற்செயலாக விழாக் கொண்டாட்டத்திற்கு வருகை புரிந்திருந்த சீன வேதியல் வல்லுனர்களின் கண்களில் விழ அன்றிலிருந்து துவங்கிய ஆய்வுதான் வெடிபொருளை நிரப்பிக்கொண்டு பாய்ந்து சென்று இலக்குகளை தாக்கி அழிக்கும் ஏவுகணைகள் (Missile).

பல்வேறு கட்ட ஆய்வுகளுக்கு பிறகு சால்ட்பெட்டர், கார்பன், சல்பர் ஆகியவற்றை கொண்டு வெடிமருந்தை தயாரித்த சீன வேதியல் வல்லுனர்கள், சிறிய மூங்கில் குழாய்களில் அடைத்து அவற்றை அம்புகளின் முனையில் இணைத்து வில்லில் இருந்து ஏவி இலக்குகளை தாக்கினார்கள்.

தொடர்ச்சியாக ஆய்வுகளை மேற்கொண்ட சீன வல்லுனர்கள் கிட்டத்தட்ட 800 ஆண்டுகளுக்கு பிறகு ஒன்பதாம் நூற்றாண்டில் வெடிமருந்தின் ஒரு பகுதி ஆக்ஸிஜனேற்றம் செய்யப்பட்டிருந்தால் வெடிமருந்து வெடிக்காமல் எரிபொருளாக செயல்பட்டு எரிந்து வாயுக்களை புகையாக வெளியேற்றம் செய்யும் என்று கண்டு பிடித்தார்கள்.

அவ்வாறு வெளியேற்றப்படும் வாயுக்கள் குறுகிய துளை வாயிலாக வெளியேறும்படி செய்தால் அழுத்தம் காரணமாக வாயுக்கள் வெளியேறும் வேகத்திற்கு இணையான எதிர்விசை முன்னோக்கி செயல்பட்டு ராக்கெட்டை உந்தித்தள்ளும் என்றும் கண்டுபிடித் தார்கள்.

அவ்வாறு நிகழ்ந்தால் ராக்கெட் தானே இயங்கி இலக்கை தாக்கும் அப்போது ராக்கெட்டை ஏவுவதற்கு வில் தேவைப்படாது என்று அறிந்து கொண்டார்கள்.

தொடர்ந்து பத்தாம் நூற்றாண்டின் இறுதியில் ராக்கெட் தனது முதல் வடிவத்தை அடைந்தது. நீளமான குச்சி ஒன்றின் முனையில் வெடி பொருள் நிரப்பப்பட்ட மூங்கில் துண்டு ஒன்று குச்சியுடன் இணைத்துக் கட்டப்பட்டது.

ராக்கெட் பற்ற வைக்கப்பட்டதும் (Ignited) எரிபொருள் எரிந்து புகையை (வாயுக்களை) வெளியேற்றி, ராக்கெட் முன்னோக்கி சீறிப் பாய்ந்து இலக்கை தாக்கியது.

பத்தாம் நூற்றாண்டிலேயே தயாரிக்கப்பட்டு விட்டாலும் கூட மெய்யாக களத்தில் 1232 -ஆம் ஆண்டு மங்கோலியர்களுக்கும் சீனர் களுக்கும் காய் பெங் பு என்ற இடத்தில் நடந்த போரில் தான் முதன் முதலாக ராக்கெட் பயன்படுத்தப்பட்டது.

சீறி பாய்ந்து வந்து தாக்கி குறிப்பிடத்தக்க அழிவுகளை ஏற்படுத்திய சீன ராக்கெட்டுகளை சமாளிக்க முடியாமல் மங்கோலியப்படை பின் வாங்கி தோற்றது.

இதைத் தொடர்ந்து ராக்கெட்களின் மகத்துவம் பற்றி அறிந்து கொண்ட மங்கோலியர்கள், ஓஹீடீ கான் (1186 - 1241) ஆட்சிக்

காலத்தில் ராக்கெட் தொழில்நுட்பம் தெரிந்த சில சீன வல்லுனர் களை பொன் மற்றும் பெண் ஆசை காட்டி தங்கள் நாட்டிற்கு கடத்தி வந்து தங்கள் ராணுவத்திற்கு தேவையான ராக்கெட்டுகளை தயாரிக்கும் பணியில் அவர்களை ஈடுபடுத்தினார்கள்.

ஐரோப்பிய யூனியன் மீது தனது ஆட்சி அதிகாரத்தை விரிவு படுத்த வேண்டும் என்று விரும்பிய ஓஹீடீகான் அதற்கு முன்னோட்ட மாக ஹங்கேரி மீது 1241 -ஆம் ஆண்டு போர் தொடுத்தார்.

மொஹி என்று அழைக்கப்பட்ட ஹங்கேரியின் சஜோ நதிக்கரையில் நடந்த அந்த யுத்தத்தில் மங்கோலியர்கள் ராக்கெட்டுகளை பயன் படுத்தி ஹங்கேரி படையினரை தவிடுபொடியாக்கினர்.

இதற்கு பிறகுதான் ராக்கெட் என்று ஒன்று இருக்கிறது என்பது பற்றி ஐரோப்பிய நாடுகளுக்கு தெரியவந்தது.

மங்கோலியர்கள் வாயிலாக மெல்ல மெல்ல ராக்கெட் தயாரிக்கும் தொழில்நுட்பம் பற்றி 14 -ஆம் நூற்றாண்டு வாக்கில் கொரியர் களுக்கும் தெரிய வந்தது.

தொடர்ந்து 1448 -ஆம் ஆண்டு சீசங் (1397 - 1450) மன்னரது ஆட்சிக் காலத்தில் ஜோசன் வம்சத்தை சேர்ந்த ராக்கெட் வல்லுனர்கள் ஹவாஜா என்று அழைக்கப்பட்ட உலகின் முதல் மல்டி மிசைல் லாஞ்சர்களை வடிவமைத்திருந்தனர்.

பதினெட்டாம் நூற்றாண்டு வரையில் உலகின் அனைத்து நாடு களிலும் தயாரிக்கப்பட்ட ராக்கெட் மரத்தினாலோ அல்லது மூங்கில் துண்டுகளை கொண்டோதான் தயாரிக்கப்பட்டுக் கொண்டிருந்தது.

இந்நிலையில் 1780 -ஆம் ஆண்டு இந்தியாவை ஆட்சி செய்து கொண்டிருந்த இங்கிலாந்து படைகளுக்கும் மைசூர் மன்னன் ஹைதர் அலிக்கும் (1720 - 1782) இடையே நடந்த குண்டூர் யுத்தத்தில் உலகிலேயே முதன் முறையாக ஆங்கிலேய படைகள் உலோகத்தினாலான (Iron cased) ஏவுகணைகளால் தாக்கப்பட்டது.

மின்னல் வேகத்தில் பாய்ந்து வந்து தாக்கி பேரழிவுகளை ஏற்படுத்திய ராக்கெட்டுகளை கண்டு ஆச்சரியத்திலும், அதிர்ச்சியிலும் உறைந்து போன ஆங்கிலேயப் படைகள் தோற்று பின் வாங்கின.

மைசூர் மன்னன் ஹைதர் அலியின் மகனான மைசூர் புலி என்று அழைக்கப்பட்ட திப்பு சுல்தானால் (1750 - 1799) தயாரிக்கப் பட்டிருந்த உலகின் முதல் உலோக ராக்கெட் கிட்டத்தட்ட மூன்று கிலோமீட்டர் தூரம் வரை பாய்ந்து சென்று தாக்கும் திறன் கொண்டதாக இருந்தது.

20 சென்டி மீட்டர் நீளமும் 8 சென்டி மீட்டர் விட்டமும் கொண்ட இரும்புக் குழல்களுக்குள் வெடிமருந்து நிரப்பப்பட்டு நான்கு அடி நீளம் கொண்ட மூங்கில் கம்புகளின் முனையில் கட்டப்பட்டு ஏவப்பட்டது.

பதினெட்டாம் நூற்றாண்டில் உலகிலேயே நீண்ட தூரம் சென்று தாக்கும் ஏவுகணை திப்புவினுடையதுதான் என்பது குறிப்பிடத் தக்கது.

திப்புவிடம் போரிட்டு வெல்ல முடியாது என்பதை தெரிந்து கொண்ட ஆங்கிலேயர்கள் திப்புவின் அண்டை அரசர்களான திருவிதாங்கூர் சமஸ்தானம், ஹைதராபாத் நிஜாம், மராத்தியர்கள் ஆகியோர்களை கூட்டு சேர்த்துக் கொண்டு லஞ்சம் என்ற சதிவலையை பின்னி திப்புவின் அமைச்சரான மிர் சாதிக்கை துரோகியாக மாற்றியது. இதன் பின்னரே மாவீரன் திப்புவை ஆங்கிலேயர்களால் வெல்லமுடிந்தது என்பது குறிப்பிடத்தக்கது.

வஞ்சகம், சூழ்ச்சி, துரோகம் ஆகியவற்றால் 1799 -ஆம் ஆண்டு ஸ்ரீரெங்கப்பட்டினத்தில் நடந்த நான்காவது ஆங்கிலோ - மைசூர் யுத்தத்தில் திப்பு சுல்தான் வீழ்த்தப் பட்டார்.

அவரது அரண்மனைக்குள் புகுந்த ஆங்கிலேயப் படைகள் அங்கு எரிந்த மற்றும் எரியாத ராக்கெட்டுகள் என்று எதையும் விட்டு வைக்காமல் ஒட்டு மொத்தமாக 9700க்கும் மேற்பட்ட ராக்கெட்டு களை கைப்பற்றியது.

திப்புவின் அரண்மனையில் அமைக்கப்பட்டிருந்த ஓரியண்டல் லைப்ரரி என்ற நூலகத்தையும் விட்டு வைக்காத ஆங்கிலேயப் படைகள் அங்கிருந்த இரண்டாயிரத்திற்கும் மேற்பட்ட நூல்கள் மற்றும் ராக்கெட் தயாரிப்பு சம்மந்தமான ஆய்வுக் குறிப்புகள் மற்றும் தொழில் சீர்திருத்தம் பற்றிய திப்புவின் பல்வேறு நூல்கள் ஆகியவற்றை ஒன்றுவிடாமல் அள்ளிச் சென்றது.

ராக்கெட் தந்தை திப்பு

இந்திய விடுதலைப் போராட்டத்தில் வீர வரலாறு படைத்தவர் திப்பு சுல்தான். ஆங்கிலேயரை நடுநடுங்க வைத்த அந்த மாவீரன், போர் வியூகத்திலும், படைக்கலத் தயாரிப்பிலும் சிறந்து விளங்கினார்.

226 ஆண்டுகளுக்கு முன்பாகவே ராணுவத் தொழில்நுட்பத்திலும், வல்லமையிலும் திப்பு சுல்தான் படை சிறந்து விளங்கி ஆங்கிலேயப் படைகளை திணறடித்தது.

மைசூர் சாம்ராஜ்ஜியத்தின் தலைநகரமான ஸ்ரீரங்கப் பட்டினத்தில் திப்பு சுல்தானின் கோட்டையும், படைக்கலத் தயாரிப்பு தொழிற் சாலையும் இருந்த அவல நிலை குறித்து உள்ளூர் பத்திரிகையாளர் ஒருவர் குடியரசுத் தலைவர் ஏ.பி.ஜே. அப்துல் கலாமுக்கு கடிதம் ஒன்றை அனுப்பினார்.

அந்தக் கடிதத்தை இந்திய பாதுபாப்பு ஆராய்ச்சி மேம்பாட்டுத்துறை தலைவர் எஸ்.டி. பிள்ளையின் பார்வைக்கு அனுப்பினார் குடியரசுத் தலைவர்.

அதன்பின் ஸ்ரீரங்கப்பட்டினத்தில் ராணுவ தொழில்நுட்ப வரலாறு ஒரு புதிய செய்தியை வெளிப்படுத்த காத்துக் கொண்டிருந்த தகவல் உலகுக்குத் தெரிய வந்தது. திப்பு சுல்தான் ராக்கெட் தொழில் நுட்பத்தின் தந்தை என்பதும், ஏவுகணைகளைப் பயன்படுத்தியதில் முன்னோடி எனவும் அறிவிக்கப்பட்டுள்ளது.

உள்ளூர் மக்களால் புறக்கணிக்கப்பட்ட ஸ்ரீரங்கப்பட்டினத்தில் ராணுவ வரலாற்று ஆராய்ச்சியாளர்களும், இந்தியத் தொல்பொருள் ஆராய்ச்சியாளர்களும் ஆய்வுக்காக சுற்றியபோது பல பகுதிகள் இவர்களால் அடையாளம் காணப்பட்டன.

எதிரி முகாம்களை சீர்குலைத்து சின்னாபின்னமாக்கும் வகையில் ஏவுகணை ஏவும் தளங்களை அவர்கள் கண்ணெதிரே கண்டனர்.

இந்திய அரசு, விஞ்ஞானிகளின் சாதனைகளை ஆவணப்படுத்தி அறிஞர்கள் மற்றும் அவர்களின் விஞ்ஞான பாரம்பரியம், அவர்களின் சேவைகள் குறித்தும் ஆய்ந்து வரும் வேளையில் திப்பு சுல்தான் மற்றும் அவர் தந்தையார் ஹைதர் அலியின் நன்கொடைகள் குறித்து சிலாகித்துப் பேசுகிறார் பாதுகாப்புத்துறை ஆராய்ச்சி மேம்பாட்டு கழகத்தின் முதன்மைக் கண்காணிப்பாளரான டாக்டர் ஏ.எஸ். சிவதாணு பிள்ளை.

சக்தி வாய்ந்த ராக்கெட் மற்றும் ஏவுகணை தொழில் நுட்பத்தை முதன் முதலில் பயன்படுத்தியவர் திப்புசுல்தான் என்பதை இந்திய விஞ்ஞானிகள் அங்கீகரித்துள்ளனர்.

நவீனகால ராணுவ வரலாற்றில் ராக்கெட் படையினை பயன்படுத்தியவர் மைசூர் புலி திப்புசுல்தான் என்பதையும் ஆராய்ச்சியாளர்கள் உறுதிப்படுத்தியுள்ளனர்.

6000 படை வீரர்களைக் கொண்ட 27 தளபதிகளைக் கொண்ட திப்பு சுல்தானின் முழுமையான ஏவுகணைப் படைப்பிரிவு 1792ல் நிகழ்த்திய சாகசங்கள் பிரிட்டிஷ் படைகளின் பின்னடைவுக்கு காரணமாகிறது.

வீரத் திப்புவின் படைகள் பயன்படுத்திய ராக்கெட்டுகள் லண்டன் மாநகரில் உள்ள 'உல் விச்' அருங்காட்சியகத்தில் தற்போது உள்ளது. ஸ்ரீரங்கப்பட்டினம் நவீனகால ராக்கெட் மற்றும் ஏவுகணை தொழில்நுட்பத்தின் தொட்டில் எனவும் விஞ்ஞானிகள் குறிப்பிட்டுள்ளனர்.

இரண்டாம் உலகப் போரில் ஜெர்மனி பயன்படுத்திய எஸ்2 ராக்கெட்களுக்கு முன்னோடியாக திப்புவின் ராக்கெட் தொழில் நுட்பம் இருந்தது என்றும் நிபுணர்கள் தெரிவிக்கிறார்கள்.

திப்புவின் ராக்கெட் 2.2 கிலோ கிராம் முதல் 5.5 கிலோ கிராம் வரை இருந்தது. ராக்கெட்களை போர்க்களத்தில் பயன்படுத்திய முதல்

மாவீரன் திப்பு சுல்தான் என்பதும் உலகிற்கு தெரிவிக்க விரும்புவ தாக நிபுணர்கள் கூறியுள்ளனர்.

மாவீரன் திப்பு துரோகத்தால் வீழ்ந்த 1799 -ஆம் ஆண்டுக்குப் பிறகு 700 ராக்கெட்களும், 900 சிறிய வகை ராக்கெட்களும் லண்டன் ராயல் மியூசியத்தில் வைக்கப்பட்டுள்ளது.

இரண்டு கிலோ மீட்டர் பாய்ந்து சென்று எதிரிகளின் இலக்குகளைத் தாக்கும் திப்புவின் ஏவுகணைகள் இந்திய ஏவுகணை தொழில் நுட்பத்தையும், வீரத் திப்புவின் போர் நிபுணத்துவத்தையும் விளக்கும்வண்ணம் உள்ளது.

நாஸாவில் கலாம் கண்ட காட்சி

இந்தியாவின் ஏவுகணை தொழில்நுட்ப வளர்ச்சிக்கு முக்கியக் காரணமாக விளங்கிய அறிவியல் அறிஞரும் இந்தியக் குடியரசுத் தலைவருமான டாக்டர் அப்துல் கலாம், தனது ஆராய்ச்சிக் பணிக் காலத்தில் அமெரிக்க விண்வெளி ஆய்வு மையமான நாஸாவிற்குச் சென்றபோது தான் கண்ட காட்சியை நாட்டு மக்களுக்கு தனது ‘அக்கினிச் சிறகுகள்’ நூலில் விவரித்துள்ளார்.

எனது பயணத்தின் இறுதிக் கட்டமாக வாலப்ஸ் ஃப்ளைட் ஃபெசிலிட்டி மையத்திற்குச் சென்றேன். இந்த மையமானது வர்ஜீனியா மாகாணத்தில் கிழக்குக் கடற்கரைத் தீவான வாலப் ஸில் அமைந்துள்ளது.

நாஸாவின் சவுண்டிங் ராக்கெட் திட்டத்திற்கு இந்த மையம்தான் அடித்தளம். இங்கே, வரவேற்புக் கூடத்தில் ஓர் ஓவியம் பிரதான மாகக் காட்சியளித்தது.

ஒரு சில ராக்கெட்டுகள் பறந்து கொண்டிருக்கும் பின்னணியுடன் போர்க்களக் காட்சி ஒன்றை ஓவியமாக அங்கே தீட்டியிருந்தார்கள். இந்தக் காட்சியைக் கருவாகக் கொண்ட ஒரு ஓவியம் இப்படிப் பட்ட இடத்தில் இருப்பது ஒன்றும் வியப்பான விஷயம் அல்ல. ஆனால் என் கவனத்தை ஈர்த்தவர்கள், அதில் சித்திரிக்கப்பட்டிருந்த படை வீரர்கள்.

ராக்கெட்டுகளை ஏவும் பகுதியில் காணப்பட்ட அவர்கள் வெள்ளை நிறத்தவர்கள் அல்ல. தெற்காசிய மக்களிடம் காணப் படும் உருவ அமைப்புடன் கருப்பு நிறம் கொண்ட படை வீரர்கள், அவர்கள்.

ஒரு நாள், எனக்குள் ஊற்றெடுத்த ஆர்வம், அந்த ஓவியத்தின் அருகே என்னை இழுத்துச் சென்றது. திப்பு சுல்தானின் படை வெள்ளையர் களுடன் போரிடும் காட்சியை அதில் கண்டேன்.

திப்பு சுல்தானின் சொந்த தேசத்தில் மறக்கப்பட்டு விட்ட ஒரு உண்மையை இந்தக் கிரகத்தின் இன்னொரு பகுதியில் நினைவு கூர்ந்து போற்றப்படுவதை அந்தச் சித்திரம் உணர்த்தியது.

ராக்கெட் போர்த் தந்திரத்தின் நாயகனாக ஒரு இந்தியனை நாஸா பெருமைப்படுத்தி இருப்பதைப் பார்த்து மகிழ்ச்சி கொண்டேன் என்று சொல்கிறார் கலாம்.

சர்வதேச ஏவுகணை தொழில்நுட்ப தந்தையான திப்பு சுல்தானைப் பற்றி நவீன இந்திய ராணுவ தொழில்நுட்ப மேதை டாக்டர் அப்துல் கலாம் குறிப்பிடுவது பொருத்தமானது.

இங்கிலாந்தில் பத்தொன்பதாம் நூற்றாண்டில் தொழிற்புரட்சி சம்பந்தமாக மேற்கொள்ளப்பட்ட அனைத்து சீர்திருத்த நடவடிக்கைகளும் திப்புவின் அரண்மனையிலிருந்து கொள்ளை யடித்துச் செல்லப்பட்ட நூல்களின் வழி காட்டுதலோடு மேற் கொள்ளப்பட்டவைதான் என்கின்றனர் வரலாற்று ஆய்வாளர்கள்.

ஆங்கிலேயர்கள் இந்தியாவிலிருந்து கொள்ளை யடித்துச் சென்ற விலைமதிக்க முடியாத பொக்கிஷம் என்னவென்றால் கோகினூர் வைரம் இல்லை. திப்புவின் நூலகங்களில் இருந்து கொள்ளை யடித்துச் செல்லப்பட்ட நூல்கள் தான்.

நவீன மாற்றத்துடன் ராக்கெட்

திப்புவின் ராக்கெட் தயாரிப்பு சம்பந்தமான ஆய்வுக் குறிப்புகளைக் கொண்டு தனது ராணுவத்திற்கு தேவையான ராக்கெட்டுகளை தயாரிக்க விரும்பிய இங்கிலாந்து அரசு அதற்காக அப்போது இங்கிலாந்தில் புகழ் பெற்று விளங்கிய கண்டுபிடிப்பாளர் மற்றும் ராணுவத்துடன் நெருங்கிய தொடர்பு கொண்டவருமான சர் வில்லியம் காங்கிரிவ் (1772 - 1828) என்பவரை பணியமர்த்தியது.

தொடர்ச்சியாக சில ஆய்வுகளை மேற்கொண்ட வில்லியம் காங்கிரிவ், திப்பு சுல்தானின் தயாரிப்பு முறைகளில் இருந்த சில அடிப்படை தவறுகளை களைந்து, திப்புவின் ராக்கெட்டை மேம்படுத்தி 1804-ஆம் ஆண்டு காங்கிரிவ் என்ற ராக்கெட்டை வடிவமைத்தார்.

பதினாறு அடி நீளம் கொண்ட மூங்கில் கம்புகளின் முனையில் கட்டி ஏவப்பட்ட காங்கிரிவ் ராக்கெட்டுகள் கிட்டத்தட்ட ஒன்பது கிலோ மீட்டர் தூரம் வரை பாய்ந்து சென்று தாக்கும் திறன் கொண்டவை யாக இருந்தது.

தயாரிக்கப்பட்ட ராக்கெட்டுகள் அமெரிக்கா மற்றும் இங்கிலாந்து நாடுகளுக்கிடையே 1800களில் தொடர்ச்சியாக நடந்த பல யுத்தங்களில் இங்கிலாந்து ராணுவத்தினரால் அமெரிக்க படை களுக்கு எதிராக பயன்படுத்தப்பட்டது.

தொடர்ந்து இங்கிலாந்திற்கும் பிரான்ஸுக்கும் இடையே, 1815-ஆம் ஆண்டு நடந்த வரலாற்று சிறப்புமிக்க வாட்டர்லூ என்ற யுத்தத்தில் இங்கிலாந்து ராணுவத்தால் பயன்படுத்தப்பட காங்கிரிவ் ராக்கெட்டுகள், அப்போது பிரான்ஸ்சை ஆட்சி செய்து வந்த நெப்போலியனை சரணடையச் செய்யும் அளவிற்கு அதிமுக்கியத்துவம் வாய்ந்ததாக இருந்தது என்பது குறிப்பிடத்தக்கது.

அதன் பிறகுதான் காங்கிரிவ் ராக்கெட்டுகளின் புகழ் உலகமெங்கும் பரவ ஆரம்பித்தது. தொடர்ந்து மற்றுமொரு இங்கிலாந்து கண்டு பிடிப்பாளரான வில்லியம் ஹாலே என்பவர் குச்சிகளின்றி இயங்கும் அதாவது தற்போது தாக்குதல் விமானங்களில் பயன்படுத்தப்படும் தோற்றத்தை ஒத்த ராக்கெட்டுகளை 1844-ஆம் ஆண்டு வடிவமைத்தார்.

ஹாலே வடிவமைத்த ராக்கெட்டுகள் அமெரிக்க ராணுவத்தினரால் மெக்ஸிகோ படைகளுக்கு எதிராக அமெரிக்க மெக்ஸிகோ போரில் பயன்படுத்தப்பட்டது என்பது குறிப்பிடத்தக்கது.

அமெரிக்க மற்றும் இங்கிலாந்து நாடுகளிடையே புகழ்பெற்று விளங்கிய ராக்கெட் தொழில்நுட்பம் ரஷ்ய விஞ்ஞானிகளை தீவிரமாக சிந்திக்க வைத்தது.

அமெரிக்க மற்றும் இங்கிலாந்து விஞ்ஞானிகள் தாக்குதல் ராக்கெட்டு களை மேம்படுத்துவதில் தங்களது சிந்தனையை செலுத்திக் கொண்டிருக்க, ரஷ்ய விஞ்ஞானிகள் அவர்களிடமிருந்து வேறுபட்டு விண்வெளிப் பயணம் மேற்கொள்ள தேவையான ராக்கெட்டுகளை வடிவமைப்பதில் தங்களது சிந்தனையை செலுத்திக் கொண்டிருந்தனர்.

இந்நிலையில் விண்வெளியின் தந்தை என்றழைக்கப்படும் ரஷ்ய விஞ்ஞானியான கோன்ஸ்டன்டின் சியோல்கோவ்ஸ்கி என்பவர் 1903 -ஆம் ஆண்டு விண்வெளி வரலாற்றில் அதிமுக்கியத்துவம் வாய்ந்த கட்டுரை ஒன்றை வெளியிட்டார்.

அந்த கட்டுரையில் சியோல்கோவ்ஸ்கி, திட எரி பொருளை விட திரவ எரிபொருள் தான் ஒரு ராக்கெட்டுக்கு அதிகப்படியான உந்து சக்தியை தரும் என்றும் அப்படிப்பட ராக்கெட்டுகள் மூலமாகத்

தான் நாம் விண்வெளிப் பயணம் மேற்கொள்ள முடியும் என்று தெரிவித்தார்.

மேலும் ராக்கெட்டின் உச்சபட்ச வேகம் என்பது ஒரு வினாடியில் ராக்கெட் எரிபொருள் எரிந்து வெளியேற்றும் வாயுக்களின் திசைவேகம் மற்றும் ராக்கெட்டின் எடை ஆகியவற்றை சார்ந்து இருக்கும் என்பதையும் தெரிவித்தார்.

இதுதான் பிற்காலத்தில் ராக்கெட் சமன்பாடு என்று அழைக்கப்பட்டது. இதன் பிறகுதான் வளிமண்டலத்தை தாண்டி செல்லும் ராக்கெட் தயாரிப்பு பற்றிய ஆய்வுகள் சுறுசுறுப்படைய ஆரம்பித்தது. ராக்கெட்டுகளில் 1926 -ஆம் ஆண்டு வரை திட எரிபொருள்தான் எரிபொருளாக பயன்படுத்தப்பட்டு வந்தது.

இந்நிலையில் சியோல்கோவ்ஸ்கியின் ஆய்வுகளை அடிப்படையாகக் கொண்டு ராபர்ட் கோட்டர்ட் என்ற அமெரிக்கர் உலகிலேயே முதன் முதலாக திரவ எரிபொருளில் இயங்கும் வகையிலான ராக்கெட்டுகளை 1926 -ஆம் ஆண்டு தயாரித்து பரிசோதித்து வெற்றியும் பெற்றார்.

கிட்டத்தட்ட முப்பத்து நான்கிற்கும் மேற்பட்ட சோதனைகளில் ராபர்ட் கோட்டர்ட்டின் ராக்கெட் அதிகபட்சமாக 2.6 கிலோ மீட்டர் உயரம் வரை மணிக்கு 885 கிலோ மீட்டர் வேகத்தில் சீறிப் பாய்ந்து உலகெங்கும் இருந்த ராக்கெட் விஞ்ஞானிகளை ஆனந்த அதிர்ச்சியில் ஆழ்த்தியது.

சர்வாதிகாரியாக இருந்தாலும் கூட, முதலாம் உலகப்போரில் வீழ்த்தப்பட்ட ஜெர்மனியின் பொருளாதாரத்தை, ஆட்சி பீடத்தில் அமர்ந்த வெறும் நான்கே ஆண்டுகளில் உலகின் முதன்மையான பொருளாதார சக்தியாக மாற்றிக் காட்டிய மிகச்சிறந்த நிர்வாகத் திறன் கொண்டவர் அடால்ப் ஹிட்லர்.

ஜெர்மனியின் ஆளுகை எல்லையை விரிவுபடுத்த வேண்டும் என்ற அவரது கனவுதான் உலகில் இரண்டாம் உலகப்போர் ஏற்பட முக்கிய காரணமாக இருந்தது என்றால் மிகையல்ல.

மற்ற நாடுகளின் மீது தாக்குதலை துவங்குவதற்கு முன்பு தனது ராணுவத்தை நவீனப்படுத்துவது இன்றியமையாதது என்பதை உணர்ந்த ஹிட்லர் அதற்குரிய பல்வேறு கட்ட நடவடிக்கைகளை மேற்கொண்டார். அவற்றில் ஒன்று தான் நீண்ட தூரம் சென்று தாக்கும் ஏவுகணை திட்டம்.

திட்டத்தை செயல்படுத்த விரும்பிய ஹிட்லர் அதற்காக 1927 -ஆம் ஆண்டு பெர்லினுக்கு அருகில் ஒரு தனி ஆராய்ச்சி மையத்தை ஜோஹன்னஸ் வின்க்ளர் என்பவரது தலைமையில் ஏற்படுத்தினார்.

ஜோஹன்னஸால் ராக்கெட் தயாரிக்கும் திட்டத்திற்காக கண்டு பிடிக்கப்பட்டவர் தான் வெர்னர் வான் பிரவுன்.

சிறுவயதில் இருந்தே ராக்கெட்டுகளின் மீது தீராத காதல் கொண்டிருந்த வெர்னர், ராபர்ட் கோட்டர்ட்டின் கண்டுபிடிப்பு மற்றும் சியோல்கோவ்ஸ்கியின் ஆய்வுக் கட்டுரைகள் போன்றவற்றை அடிப்படையாகக் கொண்டு 1932 -ஆம் ஆண்டு எழுபது கிலோமீட்டர் தூரம் வரை பாய்ந்து சென்று தாக்கும் A-4 என்ற ஏவுகணைகளை தயாரிப்பதில் வெற்றி கண்டார்.

ஆனால் ஹிட்லர் தொலைதூர தாக்குதல் ஏவுகனைகள் மீது அதிக நாட்டம் கொண்டிருந்ததால் A-4 ரக ஏவுகணைகள் சோதனை ஓட்டத்தோடு நிறுத்திக் கொள்ளப்பட்டது.

வெர்னரின் நேரடிப்பார்வையின் கீழ் இயங்கிய வல்லுனர்கள் குழு தொடர்ந்து பல்வேறு கட்ட ஆய்வுகளை மேற்கொண்டு திரவ எரிபொருளை கொண்டு இயங்கும் விண்ணை பிளந்து செல்லும் உலகின் முதல் பிரம்மாண்டமான ஏவுகணையை தயாரித்தது.

1942 -ஆம் ஆண்டு பால்டிக் கடலுக்கு அருகேயுள்ள பீனேமுண்டே என்ற இடத்திலிருந்து அந்த ஏவுகணையை ஏவியது. அதுவரையில் விளையாட்டு பொம்மையின் தோற்றத்தை போல் இருந்த ராக்கெட்டுகளின் வடிவம் உருமாறி பிரம்மாண்ட வடிவத்தை நோக்கி பயணிக்க ஆரம்பித்தது.

கிட்டத்தட்ட 3.56 மீட்டர் உயரமிருந்த V-2 என்று அழைக்கப்பட்ட இந்த ஏவுகணை 1000 கிலோ வெடி பொருளை சுமந்துகொண்டு

மணிக்கு 2880 கிலோமீட்டர் வேகத்தில் பயணித்து 320 கிலோ மீட்டர் தூரத்தில் உள்ள இலக்குகளை தாக்கி தரைமட்டமாக்கும் திறன் கொண்டதாக இருந்தது.

தொடர்ந்து ஜெர்மனியில் 1943-ஆம் ஆண்டு V-2 ரக ராக்கெட்டு களின் உற்பத்தி மின்னல் வேகத்தில் துவங்கப்பட்டது.

தயாரிக்கப்பட்ட ஏவுகணைகள் இரண்டாம் உலகப் போரில் இங்கிலாந்தின் மீதும், பெல்ஜியம் மற்றும் பிரான்ஸ் ஆகிய நாடு களின் மீது ஏவி தாக்கப்பட்டது. தாக்குதலில் 7250க்கும் மேற்பட்ட ராணுவ வீரர்கள் உயிரிழந்தார்கள். இதில் இங்கிலாந்தில் மட்டும் கிட்டத்தட்ட 3000 ராணுவ வீரர்கள் உயிரிழந்ததாக வரலாறு தெரிவிக்கிறது.

பாய்ந்து வந்து தாக்கி கனவிலும் அப்போது நினைத்து பார்த்திருக் காத பேரழிவுகளை ஏற்படுத்திய ஜெர்மனியின் பிரம்மாண்ட ராக்கெட்டுகளை உலக நாடுகள் மிரட்சியோடு பார்த்தன.

இரண்டாம் உலகப்போரில் ஜெர்மனியின் படைகள் தோற்கடிக்கப் பட்டதும் ஜெர்மனிக்குள் புகுந்த அமெரிக்கப் படை வீரர்களும், ரஷ்யப்படை வீரர்களும் ஹிட்லரை தேடினார்களோ இல்லையோ வெர்னரை ஆளுக்கொரு புறமாக மும்முரமாக தேடினார்கள்.

அமெரிக்க உளவு நிறுவனமும் அமெரிக்க ராணுவ வீரர்களுடன் இணைந்து கொண்டு வெர்னரை தேடும் பணியில் ஈடுபட்டது. ஆப்ரேசன் பேப்பர் கிளிப் என்று பெயரிடப்பட்ட இப்பணி அமெரிக்கர்களுக்கு வெற்றியைத் தேடித் தந்தது. அதாவது வெர்னர் அமெரிக்க வீரர்களிடம் சிக்கினார்.

உடனிருந்த ரஷ்ய வீரர்களுக்கு கூட தெரியாமல் வெர்னர் மற்றும் சில ராக்கெட் வல்லுனர்களை அப்படியே அலேக்காக அமெரிக்கா கடத்தி வந்தது அமெரிக்க உளவு நிறுவனம்.

ரஷ்யப்படை வீரர்களிடமும் வெர்னர் குழுவில் பணியாற்றிய சில வல்லுனர்கள் சிக்கினார்கள். அப்படி அமெரிக்காவும், ரஷ்யாவும் தங்களது நாட்டுக்கு கொண்டு வந்த ஜெர்மானிய ராக்கெட்

வல்லுனர்களை கொண்டு தங்களது நாட்டுக்குத் தேவையான ராக்கெட்டுகளை தயாரிக்கும் பணியில் மும்முரமாக இறங்கியது.

நாம் தாம் வெர்னரையே கொண்டு வந்து விட்டோமே பிறகென்ன என்று அசால்டாக அமெரிக்கா இருக்க திடீரென்று ரஷ்யா 1957ஆம் ஆண்டு அக்டோபர் 4, உலகே அதிரும்படியாய் ஸ்புட்னிக் -1 என்று பெயரிடப்பட்ட உலகின் முதல் செயற்கைக் கோளை ஸ்புட்னிக் என்ற ராக்கெட்டை கொண்டு விண்வெளிக்கு ஏவி நிலைநிறுத்தியது.

என்ன நடக்கிறது என்று அமெரிக்கா உணருவதற்கு முன்பு சரியாக முப்பது நாள் இடைவெளியில் அதாவது நவம்பர் 3 -ல் ஸ்புட்னிக்-2 என்ற மற்றொரு செயற்கைக் கோளை விண்வெளியில் நிலை நிறுத்தியது ரஷ்யா.

ஸ்புட்னிக் உலகின் முதல் உயிரினம் பரந்த செயற்கைக்கோள் ஆகும். லைகா என்ற நாய் அந்த செயற்கைக்கோளில் பயணித்தது குறிப்பிடத்தக்கது.

அதைத் தொடர்ந்து வெர்னர் தலைமையிலான அமெரிக்க விஞ்ஞானிகள் குழு அமெரிக்காவின் முதல் செயற்கை கோளான எக்ஸ்ப்ளோரரர் - 1, ஜனவரி 1 -ஆம் தேதி விண்ணுக்கு ஏவி விண்வெளிப் போட்டியை உறுதி செய்தது.

அதன்பின் கிட்டத்தட்ட 15 ஆண்டுகளுக்கும் மேலாக அமெரிக்கா வுக்கும், ரஷ்யாவுக்கும் இடையே ஏற்பட்ட விண்வெளி பயணப் போட்டிகள் உண்மையில் ஜெர்மனியில் இருந்து இரண்டாக பிரிந்த ஜெர்மானிய விஞ்ஞானிகளுக்கு இடையே நடந்த விண்வெளிப் போட்டி தானே அன்றி அமெரிக்காவுக்கும், ரஷ்யாவுக்கும் இடையே நடந்த போட்டி அல்ல.

சுமார் இரண்டாயிரம் ஆண்டுகளுக்கும் மேலாக மனிதனின் கனவாக இருந்த வளிமண்டலத்தை தாண்டிப் பறக்கும் விண்வெளிப் பயணத்தை நினைவாக்கிய வெர்னர் வான் பிரவுன் இருபதாம் நூற்றாண்டின் தலை சிறந்த விஞ்ஞானி என்றால் மிகையில்லை.

ஏவூர்தி செயல்பாடு

பயன்பாட்டுக்குத் தேவையான எரிபொருள் மற்றும் ஆக்சிகரணி முழுவதும் ஏவூர்தியிலேயே எடுத்துச் செல்லப்படுகிறது. இதற்கு வளிமண்டல காற்று தேவையில்லை. ஏவூர்திகள் இயற்பியலின் வினை-எதிர்வினை தத்துவத்தில் இயங்குகின்றன.

எரிதல் மூலம் பெறப்பட்ட வெளியேறிகளை அதிக வேகத்தில் பின்புறத்தில் வெளித் தள்ளுவதன் மூலம், ஏவூர்தி பொறிகள் - ஏவூர்திகளை முன்தள்ளுகின்றன.

மற்ற வகை உந்துகைகளுடன் ஒப்புநோக்குகையில், ஏவூர்திகள் - குறைந்த வேகத்தில் செயல்திறன் அற்றவையாக இருக்கின்றன.

ஏவூர்திகள் குறைந்த எடையும் மிகுந்த திறனும் கொண்டவை. அவை பெருத்த முடுக்கத்தை அடைவதிலும் மிக உயர்வான திசை வேகங்களை எட்டுவதிலும் மிகுந்த செயல்திறன் கொண்டவையாக இருக்கின்றன.

வடிவமைப்பு

வெடிமருந்து நிரப்பப்பட்ட அட்டைக் குழாய் அளவுக்கு எளிமையான வடிவில் ஏவூர்தியைக் கட்டமைக்கலாம். ஆனால், பெரும் செயல்திறனோடு கூடிய துல்லியமான ஏவுகணை அல்லது ஏவு வாகனம் வடிவமைப்பதற்கு சில சவாலான இடர்ப்பாடுகளைக் கடந்துவர வேண்டும்.

மிக முக்கியமான இடர்ப்பாடுகள் பின்வருமாறு: எரி அறையைக் குளிர்வித்தல், (திரவ எரிபொருள் எனில்) எரிபொருள் இறைப் பித்தல், இயக்கத்தைக் கட்டுப்படுத்துதல் மற்றும் நெறிப்படுத்துதல்.

ஆக்கக்கூறுகள்

ஏவூர்தியானது எரிபொருள், எரிபொருளைத் தேக்கி வைக்கும் கலன், தூம்புவாய் ஆகியவற்றைக் கொண்டது. மேலும், அவை ஒன்று அல்லது ஒன்றுக்கு மேற்பட்ட ஏவூர்தி பொறிகளையும், செல்லும் திசை கட்டுப்பாட்டுக் கருவிகள், கல இருப்புக் கட்டுப்பாட்டு அமைப்புகளையும், இவையனைத்தையும் ஒரு சேர வைத்திருக்கும் கட்டுமானத்தையும் கொண்டிருக்கும்.

அதிவேக வளிமண்டலப் பயன்பாட்டுக்கான ஏவூர்திகள் காற்றியக்க சீரமைவை, பயன்மிகு சுமையைக் கொண்டிருக்கும் முன்கூம்புப் பகுதி கொண்டிருக்கும்.

மேற்கண்ட பகுதிகளைத் தவிர்த்து ஏவூர்தியானது பின்வரும் பலவற்றில் எதை வேண்டுமானாலும் கொண்டிருக்க லாம்: இறக்கைகள் (ஏவூர்தி-வானூர்தி), சக்கரங்கள் (ஏவூர்தி-தானுந்து), வான்குடை, மற்றும் பல. மேலும் செயற்கைக்கோள் பயணவழி அல்லது நிலைம பயணவழி அமைப்புகளைப் பயன்படுத்தும் வழிகாட்டமைப்புகள் மற்றும் பயணவழி அமைப்புகளையும் இவ்வாகனங்கள் கொண்டிருக்கலாம்.

பொறிகள்

ஏவூர்திப் பொறிகள் தாரை உந்துகைத் தத்துவங்களின்படி வேலை செய்கின்றன. ஏவூர்திப் பொறிகள் பல வகைகளிலும் வடிவங்களிலும் இருக்கின்றன.

பெரும்பாலான தற்காலத்திய ஏவூர்தி பொறிகள் பெரும் வெப்பத் தோடு வேகமாக வெளியேறும் வினைபொருட்களைக் கொடுக்கும் வேதி-எரிபொருட்களைப் பயன்படுத்துகின்றன (பொதுவாக உள் எரி பொறிகள், சில ஒற்றைஎரிபொருள் வகைகளும் இருக்கின்றன).

ஏவூர்தி பொறியானது வளிம, நீர்ம, திட எரிபொருட்களை தனித்தனியாகவோ அல்லது கலப்பு-முறையிலோ பயன்படுத்தலாம். சில ஏவூர்தி பொறிகள் வேதிவினைகள் மூலம் கிடைத்த வெப்பத்தைத் தவிர்த்து வேறு முறைகளில் வெப்பத்தைப் பெறுகின்றன.

அவை: நீராவி ஏவூர்திகள், சூரிய வெப்ப ஏவூர்திகள், அணுக்கரு வெப்ப ஏவூர்தி பொறிகள் அல்லது வெறுமனே அமுக்கப்பட்ட நீரைப் பயன்படுத்தும் தண்ணீர் ஏவூர்திகள்.

எரிபொருள் மற்றும் ஆக்சிசனேற்றி ஆகிய இரண்டும் வேதிவினை யின் விளைவாக எரி-அறையில் எரிந்து சூடான வளிமங்கள் ஏவூர்தியின் பின்புற தூம்புவாய் வழியே முடுக்கப்படுகின்றன.

இந்த வளிமங்களின் முடுக்கமானது ஏவூர்தியின் எரி-அறை மற்றும் தூம்புவாய் மீது விசையை செலுத்தி (நியூட்டனின் மூன்றாம் விதிப்படி) ஏவூர்தியை முன்தள்ளுகின்றன, உந்துகின்றன.

எரி-அறையின் சுவர்களின் மீதான விசையானது (அழுத்தம் × பரப்பு), தூம்புவாய் திறப்பினால் சமநிலையை இழப்பதால் மேற்சொன்ன விளைவு ஏற்படுகின்றது; வேறெந்த திசையிலும் இது நிகழ்வதில்லை.

மேலும், தூம்புவாயின் வடிவமைப்பினால் அது சூடான வெளியேறி வளிமங்களை ஏவூர்தியின் அச்சுக்கு இணையாக வெளித் தள்ளு வதன் மூலமும் விசையை ஏற்படுத்துகிறது.

தாரைப் பொறி

தாரைப்பொறி (Jet engine) என்பது, நியூட்டனின் இயக்க விதிகளின் அடிப்படையில் செயல்படும் 'தாரை உந்துகை'யின்படி விரைவாக வெளியேறும் தாரையினால், ஒரு உந்து விசையை உருவாக்கும் விளைவுப் பொறியாகும்.

இந்த தாரைப்பொறிகளின் விளக்கத்திற்குள், சுழல்தாரை, சுழல் விசிறி, ஏவூர்தி, இடி-தாரை மற்றும் துடிப்பு-தாரைப் பொறிகளும் அடங்கும். பொதுவாக தாரைப் பொறிகளெல்லாம் எரிபொறிகளே, எனினும் எரியாத பொறிகளும் சில இடங்களில் உள்ளன.

பொதுவான சொல்லாடலில், 'தாரைப் பொறி' என்பது, உள் எரி காற்றிழுப்பு தாரைப்பொறியையே குறிக்கும். இவை, ஒரு பொறி யுடன், விசையாழியால் (ப்ரேட்டன் சுழற்சிப்படி இயங்கும் விசை யாழி), இயக்கப்படும் காற்றமுக்கியையும் கொண்டு செயல்படு கிறது.

மீதமுள்ள சக்தி தேவையான உந்துவிசையை ஒரு உந்துகை தூம்புவாயின் வழியே தரும். தாரை விமானங்கள், இந்தவகை பொறிகளை, தொலைதூரப் பயணத்திற்கு பயன்படுத்துகின்றன.

தொடக்கத்தில், தாரை விமானங்கள் குறை ஒலி வேகப் பயணங் களில் சுழல் தாரைப் பொறிகளை பயன்படுத்தியதில், ஒப்புமையாக குறைந்த வினைத்திறனே இருந்தது.

நவீன குறை ஒலிவேக தாரை விமானங்கள் உயர்-புறவழி சுழல் விசிறிப் பொறிகளையே வழக்கமாகப் பயன்படுத்துகின்றன.

இந்தப் பொறிகள் தண்டு மற்றும் உந்திவகை விமானப் பொறிகளை விட அதிக வேகத்தையும், அதிக எரிபொருள் கொணற் திறனையும் நெடுதூர பயணங்களுக்கு அளிக்கின்றன.

வரலாறு

கி.பி. முதலாம் நூற்றாண்டில், ஏயோலிபைலின் கண்டு பிடிப்பி லிருந்தே தாரைப்பொறிகளின் வரலாறு தொடங்குகிறது.

இந்த சாதனம், நீராவிசக்தியை இரண்டு தூம்பு வாய்களுக்குள் செலுத்தி, ஒரு கோளத்தை அதன் அச்சை மையப்படுத்தி வேகமாக சுழலச் செய்தது.

அறிந்தவரையில், இது எந்தவொரு இயந்திர சக்தியையும் நடை முறைப் பயன்பாட்டையும் அளிக்காததால், அதிக அளவில் ஏற்கப் படவில்லை எனினும், ஒரு ஆர்வத்தை ஏற்படுத்தியது.

சீனர்களால், 13-ஆம் நூற்றாண்டில் கன்-பவுடரினால் இயக்கப்படும் ஏவூர்தியை ஒரு பட்டாசாக உருவாக்கப்பட்டு, பின்பு அது ஒரு வீழ்த்தமுடியாத ஆயுதமாக உருவெடுத்தது. அதிலிருந்துதான் தாரை உந்துகையின் வரலாறு உண்மையில் பறக்கத் தொடங்கியது.

சக்தி மிகுந்ததாக இருந்தபோதிலும், இந்த ஏவூர்திகள் குறிப்பிட்ட பறக்கும் வேகத்திற்கு, குறைவான வினைத்திறனுடனே செயல் பட்டது. அதனால், தாரை உந்துகைத் தொழில்நுட்பம், ஒரு நூறாண்டுகளுக்கு மேலாகத் தேங்கித்தான் கிடந்தது.

காற்றிழுப்பு தாரைப் பொறிகளின் ஆரம்பக்கட்ட முயற்சிக ளெல்லாம், கலப்பின வடிவங்களே. அதில் முதலில் வெளியி லிருக்கும் ஒரு சக்தி மூலத்தால் காற்றை அமுக்கி, எரி வாயுவுடன் அதைக் கலந்து, தாரை விசைக்காக எரிக்கப்படும்.

செகண்டோ கேம்பினியின், வெப்பத் தாரையில் (Thermo jet), பொதுவாக இயக்கி தாரை (Motor jet) எனப்படும் அந்தப் பொறியில், வழக்கமான தண்டுப் பொறியால் இயக்கப்படும் ஒரு விசிறியால் காற்று அமுக்கப்படும்.

இந்த வடிவத்திற்கு எடுத்துக்காட்டுகள், கேப்ரோனி கேம்பினி N.1, மற்றும் இரண்டாம் உலகப்போரின் இறுதியில் ஒக்கா காமிக்கேஸ் விமானங்களை இயக்க உருவாக்கப்பட்ட ஜப்பானியரின், ட்ஸு - 11 பொறி.

ஆனால், எதுவும் வெற்றியடையவில்லை; N.1 வழக்கமான பொறி மற்றும் உந்தி சேர்க்கையோடு அமைந்த மரபு வடிவமைப்பை விடவும் மெதுவாக சென்றது.

இரண்டாம் உலகப்போர் தொடங்கும் முன்பே, பொறியாளர்கள் உந்தியை இயக்கும் பொறிகள் தங்களில் அதிகபட்சமாக அடைய இயலும் செயல்திறனில், கட்டுப்பாடுகள் இருப்பதை உணர்ந்தனர்.

இந்த கட்டுப்பாட்டுக்கு காரணம், உந்தி அலகுகள் ஒலியின் வேகத்தை அடையும்பொழுது உந்தி வினைத்திறன் குறைகின்றன. விமானத்தின் செயல்திறன் இந்தத் தடையைத் தாண்டி அதிகரிக்க வேண்டுமெனில், வேறு உந்துகை பொறியமைப்பை பயன்படுத்த ஒரு வழியைக் கண்டுபிடிக்க வேண்டும்.

இதுவே, ஒரு 'ஆவி-விசையாழிப் பொறி'க்கான (பொதுவாக தாரைப் பொறி) உருவாக்கத்திற்கு உந்துதலாக அமைந்து, ரைட் சகோதரர் களின் முதல் விமானத்தைப் போன்றதொரு புரட்சியை வானூர்தித் துறைக்கு ஏற்படுத்தியது.

ஒரு தாரைப் பொறியின் முக்கியக் கூறாக அமைவது, பொறியி லிருந்தே ஒரு பகுதி சக்தியை எடுத்து, காற்றமுக்கியை இயக்கும் ஆவி-விசையாழிப் பொறியாகும்.

ஆனால், இந்த ஆவி-விசையாழிப் பொறி 1930களில் உருவாக்கப் பட்ட திட்டம் இல்லை; 1791-ல் இங்கிலாந்தைச் சேர்ந்த ஜான் பார்பருக்கு ஒரு நிலையான விசையாழிக்கான காப்புரிமை வழங்கப் பட்டது.

முதன் முதலில் 1903-ல் தான் ஒரு வெற்றிகரமாக ஓடும் சுய சார்பான ஆவி-விசையாழி நார்வே பொறியாளர் எகிடியஸ் எல்லிங்கால் கட்டமைக்கப்பட்டது.

வடிவமைப்பிலும், நடைமுறை பொறியியலிலும், உலோகவிய லிலும் இருந்த கட்டுப்பாடுகளால் இவ்வகைப் பொறிகள் உற்பத்தியை அடைய தடைகளாக இருந்தன. முக்கியக் காரணங்களாக பாதுகாப்பு, நம்பகத்தனமை, எடை மற்றும் குறிப்பாக நிலைத்த செயல்பாடு அமைந்தன.

ஆவி சுழற்பொறியை ஒரு விமானத்தை இயக்குவதற்காக பயன் படுத்த, முதல் காப்புரிமையை 1921-ல் பிரெஞ்சுக்காரர் மேக்ஸிம் க்யுலாம் பதிவு செய்தார்.

அவரது பொறி, அச்சு-ஓட்ட சுழல்தாரை வகையைச் சார்ந்தது. 'An Aerodynamic Theory of Turbine Design' (சுழல் பொறி வடிவமைப்பில் காற்றியக்கவியல் தத்துவம்) என்ற தலைப்பில் ஒரு ஆய்வறிக்கையை ஆலன் அர்னால்ட் கிரிஃபித் என்பவர் 1926-ல் வெளியிட்டார்.

பயன்பாடுகள்

தாரைப்பொறி ஆகாய விமானம், ஏவுகணைகள் மற்றும் ஆளில்லா விமான வாகனங்களுக்கு சக்தியினை அளிக்கின்றது.

ராக்கெட் இயந்திர வடிவு, வானவேடிக்கை, மாதிரி ஏவுகணை, விண்வெளி விமானம் மற்றும் இராணுவ ஏவுகணைகளுக்கு சக்தி யினை கொடுக்கின்றன.

தாரைப்பொறிகள் அதிவேக கார்களை இயக்குவதற்கு பயன்படு கின்றன. குறிப்பாக பந்தய கார்களை இயக்க பயன்படுகின்றன. தற்போது ஒரு டர்போ விசிறி பயன்படுத்தி இயக்கப்படுகிற கார்தான் நிலத்தின் மீது செல்லக்கூடிய வேகமான கார் என்ற சாதனையைப் பெற்றுள்ளது.

இவை உந்தித்தள்ளும் திறனையும் அதிகரிக்கின்றது. ஜெட் இயந்திர வடிவமைப்புகள் அடிக்கடி விமானம் அல்லாத பயன் பாட்டிற்காக மாற்றப்படுகின்றது.

எடுத்துக்காட்டாக தொழில்துறை வாயு விசையாழிகள். இவைகள் மின்னாற்றலை உருவாக்கவும், தண்ணீரின் சக்தியை அதிகரிக்கவும், இயற்கை வாயு அல்லது எண்ணெய் குழாய்கள் மற்றும் கப்பல்கள், இடத்தை விட்டு இடம் பெயருகின்ற வண்டிகளுக்கு உந்து விசை யினை அளிக்கவும் பயன்படுகின்றன.

தொழில்துறை வாயு விசையாழியால் 50,000 தண்டு குதிரைத்திறன் வரை உருவாக்க முடியும். இந்த இயந்திரங்கள் பல பிராட் & ஒயிட்னி J57 மற்றும் J75 என்ற பழைய இராணுவ டர்போ ஜெட்டி லிருந்து வடிவமைக்கப்பட்டவை.

P&W JT8D குறைந்த அளவு விலகிச் செல்லக்கூடிய டர்போ விசிறியில் இருந்து வடிவமைக்கப்பட்ட விசையாழி 35,000 குதிரைத்திறன் வரை உருவாக்கக்கூடியது.

வகைகள்

மிகப்பெரிய வகையிலான தாரைப்பொறிகள் பயன்பாட்டில் உள்ளன. இவை அனைத்துமே உந்தித் தள்ளல் கொள்கையினையே பின்பற்றுகின்றன.

காற்றினை சுவாசிக்கும் வகை பொதுவாக விமானங்கள் அனைத்தும் காற்றினை சுவாசித்து இயங்கும் தாரைப்பொறி வகைகளைச் சார்ந்ததுதான்.

பெரும்பாலும் காற்றினை சுவாசித்து இயங்கும் தாரைப் பொறிகள், டர்போ விசிறி தாரைப்பொறியில் தான் அதிகம் உபயோகிக்கப்படு கின்றன. இவைகள் ஒளியின் வேகத்திற்கு இணையாக சென்றாலும் அதிக பயனைத் தருகின்றன, குறைவான இழப்பினையே தருகின்றன.

விசையாழியால் சக்தி பெறும் வகை

வாயு விசையாழிகள் சுழலும் இயந்திரங்கள் ஆகும். இவைகள் ஓடும் எரிகின்ற வாயுவில் இருந்து ஆற்றலை பிரித்தெடுக்க உதவுகின்றன.

இவை எதிர்நீச்சாக செல்லக்கூடிய அழுத்தியுடன் கீழ்நிலை விசையாழி பொருத்தப்பட்டிருக்கும். இவை நடுவில் ஒரு எரியும் அறை இருக்கும்.

விமான இயந்திரங்களில் இந்த மூன்று கூறுகளும் எரிவாயுவினை உற்பத்தி செய்பவை என்று அழைக்கப் படுகின்றன.

வாயு விசையாழியில் அதிக வகைகள் உள்ளன. ஆனாலும் அவைகள் எரிவாயுவை உற்பத்தி செய்யும் முறையே பயன்படுத்துகின்றன.

சுழல் தாரைப்பொறி

சுழல் தாரைப்பொறி என்பது ஒரு காற்று விசையாழி ஆகும். காற்றினை அழுத்தி இந்த இயந்திரம் வேலை செய்கிறது.

சுழல் தாரை (Turbo jet) எந்திரங்களே, காற்றை சுவாசிக்கும் தாரை எந்திரங்களில் மிகவும் பழமையானவை. 1930களின் பிற் பகுதியில் இங்கிலாந்தைச் சேர்ந்த பிரான்க் விட்டில் என்பாரும் ஜெர்மனியைச் சேர்ந்த ஹான்ஸ் வான் ஓகின் என்பாரும் வெறும் கருத்தாக்கத்தில் இருந்த எந்திரங்களை செயல்முறையில் தனித்தனியே செய்து காட்டினார்கள்.

மாக் 2 வேகத்துக்குக் கீழ் பயன்படுத்தும் போது இவ்வெந்திரம் திறம்பட செயல் புரியாது. மேலும் இவை மிகவும் சத்தத்தை எழுப்புபவை.

பொருளாதார காரணங்களுக்காக விசிறி-சுழல் தாரை எந்திரங்கள் பெருமளவிலான போக்குவரத்து விமானங்களில் பயன்படுத்தப்படுகின்றன. சுழல் தாரை எந்திரங்கள் எறி கணைகளில் பயன்படுத்தப்படுகின்றன.

ஏனெனில் அவை குறைந்த முகப்பு பரப்பு கொண்டவை, எளிதான செயல்பாடுடையவை மற்றும் மிக வேகமான புறம்செல் காற்றோட்டம் கொண்டவை.

காற்றிழுப்பு தாரைப் பொறி

காற்றிழுப்பு தாரைப் பொறி (அல்லது உள்ளமை தாரைப் பொறி - ducted jet engine) என்பது உள்நுழை-குழாய் வழியே காற்றை இழுத்து

எரித்துக் கிடைக்கும் சூடான காற்றை வெளித்தள்ளுதல் மூலம் உந்துகையை ஏற்படுத்தும் தாரைப் பொறி ஆகும்.

செயல்பாட்டில் இருக்கும் அனைத்து காற்றிழுப்பு தாரைப் பொறிகளும் உள் எரி பொறிகள் ஆகும். இவை எரிபொருளை எரிப்பதன் மூலம், உள்வரும் காற்றை சூடாக்குகின்றன; இந்த சூடான காற்றை உந்துகைத் தூம்புவாய்கள் வழியே வெளியேற்று வதன் மூலம் உந்துகையை ஏற்படுத்துகின்றன.

வேறு வழிகளில் காற்றைச் சூடாக்குவதற்கும் சோதனைகள் செய்யப்பட்டுள்ளன. பெரும்பாலான தாரைப் பொறிகள் சுழல் விசிறிகள் ஆகும்; சில சுழல் தாரைகளும் பயன்பாட்டில் உள்ளன.

இவை, வளிமச் சுழலிகளைப் பயன்படுத்தி உயர்-அழுத்த வீதங் களைப் பெறுகின்றன; அதன் விளைவாக அதிக செயல்திறனையும் கொண்டிருக்கின்றன.

பெரும்பாலான வணிகரீதியான வானூர்திகளில் சுழல் விசிறிகள் பயன்படுத்தப்படுகின்றன. இவற்றில் பெரிய காற்றமுக்திகள் பயன்படுத்தப்படும்; சுழல்தாரைக்கு-முன் விசிறி போல பெரிய காற்றமுக்திகள் பொருத்தப்பட்டிருக்கும்.

பெருமளவு காற்று, எரி-அறைக்கு செல்லாமல் புறவழியில் செல்லும்; இந்த புறவழியில் செல்லும் காற்றின் மூலமே பெரிய அளவில் உந்துகை பெறப்படும். மேலும், இது சுழல்தாரையை விட குறைந்த அளவிலேயே ஒலி எழுப்பும்.

காற்றிழுப்பு தாரைப் பொறிகள் பெரும்பாலும் தாரை வானூர்தி களுக்கான உந்துகையை ஏற்படுத்தவே பயன்படுத்தப்படும்; சில இடங்களில், தாரை தானுந்துகளிலும் பயன்படுத்தப்படும்.

ஏவூர்தி எரிபொருள்

உந்துவிசையைப் பெறுவதற்காக ஏவூர்திப் பொறியால் எரிக்கப்பட்டு வேகமாக வெளித்தள்ளப்படுவதற்கு முன்னர், ஏவூர்தியின் எரி பொருள் நிறை முழுவதும் ஏவூர்தியிலேயே சேமிக்கப்பட்டிருக்கும்.

வேதிப் பொருட்களைப் பயன்படுத்தும் ஏவூர்திகளில் பொதுவாக திரவ ஹைட்ரஜன் அல்லது மண்ணெண்ணெய் எரிபொருளாகவும் திரவ ஆக்சிஜன் அல்லது நைட்ரிக் அமிலம் ஆக்சிகரணியாகவும் பயன்படுத்தப்பட்டு, பெருமளவு வெளியெறி சூடான வளிமம் பெறப்படும்.

ஆக்சிகரணியானது, எரிபொருளிலிருந்து தனியாக சேமிக்கப்பட்டு எரி-அறையில் கலக்கப்படும் அல்லது திட எரிபொருள்களில் முன்னரே கலந்து வைக்கப்பட்டிருக்கும்.

சில வகைகளில் எரிபொருட்கள் எரிக்கப்படுவதில்லை, ஆனால், வேறு வேதிவினைகள் மூலம் பெருமளவு சூடான வெளியெறி வளிமம் பெறப்படுகிறது. எ-டு: ஐதரசீன், நைட்ரசு ஆக்சைடு, ஐதரசன் பெராக்சைடு போன்றவை.

சில நேரங்களில் மந்த எரிபொருட்கள், மிக அதிக அளவில் சூடுபடுத்தப்பட்டு பயன்படுத்தப்படுகின்றன. எ-டு: நீராவி ஏவூர்தி, அணுக்கரு வெப்ப ஏவூர்தி, சூரிய வெப்ப ஏவூர்திகள்.

அதிக செயல்திறன் தேவைப்படாத கல இருப்புக் கட்டுப்பாட்டு உந்துபொறிகளில், பாய்மங்கள் மிக அதிக அழுத்தத்தில் சேமித்து வைக்கப்பட்டிருக்கும். தேவைப்படும் போது, தூம்புவாய் வழியே வெளியேற்றுவதன் மூலம் குறிப்பிட்ட உந்துகையைப் பெறுகின்றன.

பயன்பாடு

ஏவூர்திகள் மற்றும் ஏனைய விளைவு எந்திரங்கள் தமது பயன்பாட்டுக்குத் தேவையான எரிபொருள் முழுவதையும் எடுத்துச் செல்கின்றன.

இவை, பயன்படுத்தத் தகுந்த எந்த ஊடகமோ (நீர், நிலம், காற்று) அல்லது விசையோ (புவியீர்ப்பு, காந்தவிசைப்புலம் போன்றவை) இல்லாதபோது, விண்வெளியில் இருப்பது போன்று, உந்துகைக்கான முதன்மை வழியாக செயல் படுகின்றன. ஆயினும், மேலும் பல்வேறு தளங்களிலும் இவற்றின் பயன்பாடு அளவிடற்கரியதாக உள்ளது.

இராணுவம்

பல இராணுவ ஆயுதங்கள் ஏவூர்தி உந்துகையை, வெடி பொருட்களை எதிரிகளின் பரப்புக்கு எடுத்துச் சென்று வீச பயன் படுத்தப்படுகின்றன. ஏவூர்தி அமைப்பும் அது தாங்கிச் செல்லும் ஆயுதமும் வழிகாட்டும் அமைப்பை கொண்டிருக்கிற தெனில் அது ஏவுகணை என்றழைக்கப்படும்.

ஆயினும், அனைத்து ஏவுகணைகளும் ஏவூர்தி உந்துகையைப் பயன் படுத்துவதில்லை; சில தாரை உந்துகையைப் பயன்படுத்துகின்றன.

வழிகாட்டமைப்பு இல்லையெனில், எளிமையாக ஏவூர்தி (இராக்கெட்) என்றே அழைக்கப்படும். பீரங்கி மற்றும் வானூர்தி களைத் தாக்கும் ஏவுகணைகள், பல மைல் தூரத்தில் இருக்கும் இலக்குகளை வெகு வேகத்தில் தாக்க ஏவூர்திப் பொறிகளைப் பயன்படுத்துகின்றன.

கண்டம் விட்டு கண்டம் பாயும் ஏவுகணைகள் பல்லாயிரக்கணக் கான மைல் தூரத்தில் இருக்கும் பல்வேறு இலக்குகளுக்கு அணு ஆயுதங்களை எடுத்துச் செல்ல பயன்படுகின்றன. எறிகணைக் கெதிரான தடுப்பு ஏவுகணைகளும் ஏவூர்திப் பொறிகளைப் பயன் படுத்துகின்றன.

அறிவியல் ஆய்வு

புவியின் பரப்பிலிருந்து 50 முதல் 1,500 கி.மீ. உயரம் வரைக்குமான உயரங்களிலிருந்து தரவுகளைச் சேகரிக்கும் ஆய்வுக் கருவிகளை அவ்வுயரங்களில் கொண்டு சேர்க்க ஆய்வு விசிறிகள் பயன்படுத்தப் படுகின்றன.

தண்டவாளங்களில் ஏவூர்தி-சறுக்கு வண்டிகளை உந்தித் தள்ளவும் ஏவூர்திப் பொறிகள் பயன்படுத்தப்படுகின்றன; இத்தகைய, உந்துகை யில் மாக் 8.5 வேகத்தை எட்டியது உலக சாதனையாக இருக்கிறது.

விண்வெளிப் பறப்பு

பெரிய ஏவூர்திகள் அவற்றுக்கென கட்டப்பட்ட ஏவு தளங்களில் இருந்து ஏவப்படுகின்றன; அவற்றின் பொறிகள் பற்ற வைக்கப்பட்டு

சில நொடிகள் வரை அவற்றுக்கான தாங்குதலை இந்த ஏவுதளங்கள் தருகின்றன.

ஏவூர்திகளின் மிக அதிகமான வெளியேற்றுத் திசை வேகங்களுக்காக -2,500லிருந்து 4,500 மீ/வினாடி (9,000-லிருந்து 16,000 கி. மீ./மணி; 5,600லிருந்து 10,000 மைல்/மணி) (மாக் ~10+) - அத்தகைய வெகு வேகம் தேவைப்படுகிற பயன்பாடுகளில் ஏவூர்திகள் பயன்படுத்தப்படுகின்றன.

பலவித வியாபார ரீதியான பயன்பாடுகள் உடைய செயற்கைக் கோள்களானவை, ஏவூர்திகளால் சுற்றுப்பாதைக்குக் கொண்டு செல்லப்பட்ட விண்கலங்களாகும்.

சொல்லப்போனால், விண்கலங்களை விண்ணுக்கும் அதற்குப் பிறகும் கொண்டு செல்ல இதுநாள்வரை ஏவூர்திகள் மட்டுமே ஒரே வழியாகும்.

மேலும், விண்கலங்கள் அவற்றின் பாதையை மாற்றுவதற்கும் அவற்றின் வேகத்தைக் குறைத்து தரையிறங்குவதற்காக குத்துயரத்தைக் குறைக்கவும் ஏவூர்திப் பொறிகள் பயன்படுகின்றன.

❏

5. இந்திய விண்வெளி ஆய்வு மையம்

இந்தியாவில் சாதனை படைத்த பல செயற்கைக்கோள்கள் விண்ணில் ஏவப்பட்டுள்ளன. பல விண்வெளி ஆராய்ச்சிகள் திறம்பட நடத்தப்படுகிறது. இதற்கு மூலகாரணம் இஸ்ரோ எனப்படும் நிறுவனம்தான். 'இந்திய விண்வெளி ஆய்வு மையம்' என்பதன் சுருக்கமே இஸ்ரோ. (INDIAN SPACE RESEARCH ORGANISATION - ISRO)

இஸ்ரோ ஆகஸ்டு *15, 1969* -ஆம் ஆண்டு துவங்கப்பட்டது. புதிய செயற்கைக்கோள்களை தயாரிப்பது மற்றும் மேம்பட்ட விண்வெளி தொழில்நுட்பங்களைக் கண்டறிந்து அவற்றை நாட்டு நலனுக்காக பயன்படுத்துவதை முதன்மை நோக்கமாகக் கொண்டது.

செயற்கைக் கோள்கள் பூமியை ஒரு குறிப்பிட்ட வட்டப்பாதையில் சுற்றிவரும் வகையில் விஞ்ஞானிகளால் வடிவமைக்கப்படுகிறது. இவை விண்ணில் ஏவப்பட்டு ஒரு குறிப்பிட்ட இடத்தில் நிலை நிறுத்தப்பட வேண்டும்.

இதற்கு ஏவூர்தி எனப்படும் ராக்கெட் அவசியம். இந்த ராக்கெட்தான் விண்ணில் செயற்கைக்கோள்களை நிலை நிறுத்துகிறது.

இந்தியாவில் இந்த செயற்கைக் கோள்களையும் ஏவு வாகனங் களையும் வடிவமைத்து, உருவாக்கி விண்ணில் செலுத்துவது, இயக்குவது, கட்டுப்படுத்துவது என அனைத்தையும் செய்வது இஸ்ரோதான். எனவே இஸ்ரோ பற்றிய கூடுதல் செய்திகளைப் பார்க்கலாம்.

இந்தியாவின் விண்வெளி ஆய்வு 1920களில் சிசிர் குமார் மித்ரா என்பவரால் தொடங்கியது. அதன்பின் சர்.சி.வி.ராமன், மேக்நாத் சாகா போன்றோர் தனிப்பட்ட முறையில் விண்வெளி ஆராய்ச்சி யில் ஈடுபட்டனர்.

1945க்குப் பிறகு இம்முயற்சிகள் ஒருங்கிணைக்கப்பட்டு ஆய்வு மையங்கள் சில தொடங்கப்பட்டன. இந்த ஆய்வுகளுக்கு விக்ரம் சாராபாய் அவர்களும், ஹோமி ஜஹாங்கீர் பாபா அவர்களும் முன்னிருந்து வழி நடத்தினார்கள்.

அதன்பின் 1962-ல் அன்றைய பிரதமர் ஜவஹர்லால் நேரு அவர் களின் ஆதரவுடன் விக்ரம் சாராபாய் தலைமையில் இந்திய தேசிய

விண்வெளி ஆராய்ச்சிக்கான குழு (NATIONAL COMMITTEE FOR SPACE - INCOSPAR) என்ற அமைப்பு உருவாக்கப்பட்டது.

பல நாடுகள், விண்வெளிக்கு ராக்கெட்டை செலுத்த தீவிரம் காட்டி வந்தன. இந்தியாவும் சிறிய அளவில் அந்த முயற்சியில் ஈடுபட ஆரம்பித்தது.

ராக்கெட்டை ஏவிப் பார்க்க உதவும் ஏவுதளம் ஒன்றை திருவனந்த புரத்திற்கு அருகில் உள்ள தும்பாவில் அமைக்க முடிவு செய்யப் பட்டது.

பல தொழில்நுட்ப நிபுணர்கள் இந்த முயற்சியில் சேர்த்துக் கொள்ளப்பட்டனர். தும்பா ஏவுதளத்தை அமைக்கும் முயற்சிகள் 1962 -ல் துவங்கின. ஆனால், ராக்கெட்டுக்கான தொழில்நுட்பம் தேவைப்பட்டது.

அந்த காலகட்டத்தில் ராக்கெட் தொழில்நுட்பத்தில் மேம்பட்டி ருந்த நாடுகள், அவற்றை பெரும் ரகசியமாக வைத்திருந்தன.

மத்திய அரசு இளம் விஞ்ஞானிகளான ஆர். ஆராவமுதன், ராம கிருஷ்ணராவ், ஏ.பி.ஜே. அப்துல் கலாம் ஆகியோரை நாசாவுக்குப் பயிற்சிக்காக அனுப்பிவைத்தது.

அதன்பின் நைக் - அபாசே சவுண்டிங் ராக்கெட் ஒன்றை இந்தியா வுக்குத் தந்தது நாசா. 1963 -ஆம் ஆண்டு நவம்பர் 21 -ஆம் தேதி தும்பாவிலிருந்து இந்த முதல் ராக்கெட் ஏவப்பட்டது.

இதற்குப் பிறகு ரஷ்யாவிலிருந்து எம் - 100 ரக ராக்கெட்களும் பிரான்சிலிருந்து சென்டார் வகை ராக்கெட்களும் இறக்குமதி செய்யப்பட்டு ஏவப்பட்டன.

1965 -ல் தும்பாவில் விண்வெளி அறிவியல் மற்றும் தொழில்நுட்ப மையம் (SSTC) அமைக்கப்பட்டது. அதிலேயே ராக்கெட் ஆராய்ச்சி மற்றும் மேம்பாட்டுக் குழு உருவாக்கப்பட்டது.

இந்தப் பிரிவுகள் ராக்கெட் ஏவுதல் மற்றும் செயற்கைக்கோள்களை நிலைநிறுத்துதலின் ஒவ்வொரு கட்டத்திலும் தேவைப்படும் தொழில்நுட்பங்களைத் தாங்களாகவே உருவாக்கின.

1968-ல் தும்பா விண்வெளி நிலையத்தை, ஐக்கிய நாடுகள் சபைக்கு அர்ப்பணித்தார் அப்போதைய பிரதமர் இந்திரா காந்தி. 1969-ல் இந்திய விண்வெளி ஆய்வு நிறுவனம் - இஸ்ரோ உருவாக்கப் பட்டு, அணுசக்தித் துறைக்குக் கீழ் கொண்டு வரப்பட்டது.

பிறகு, 1972-ல் இஸ்ரோவை புதிதாக உருவாக்கப்பட்ட விண்வெளித் துறைக்குக் கீழ் கொண்டு வந்தது மத்திய அரசு. பிரதமருக்கு மட்டும் பதிலளிக்கும் வகையில் விண்வெளி ஆணையம் ஒன்றும் உருவாக்கப்பட்டது.

இந்தியாவின் விண்வெளி ஆய்வுப் பயணம் என்பது ஜவஹர்லால் நேரு பிரதமராக இருந்த காலகட்டத்திலேயே துவங்கி விட்டாலும், அதற்கு வலுவான அடித்தளத்தை அமைத்தவர் இந்திரா காந்தி.

1966 முதல் 77 வரையிலும் பிறகு 1980 முதல் 84 வரையிலும் பிரதம ராக இருந்த இந்திரா காந்தி, விண்வெளி ஆய்வில் உண்மையிலேயே மிகுந்த ஆர்வம் கொண்டிருந்தார்.

விண்வெளித் துறையிலும் அணுசக்தித் துறையிலும் அடுத்த பத்தாண்டுகளுக்கு என்ன செய்ய வேண்டும் என்பதற்கான செயல் திட்ட அறிக்கையை 1970 -ஆம் ஆண்டு ஜூலையில் அரசிடம் அளித்தார் டாக்டர் விக்ரம் சாராபாய்.

இதன்படி, 1970களில் ஒரு செயற்கைக்கோள்களை செலுத்தும் ராக்கெட்டை உருவாக்குவதுதான் இஸ்ரோவின் முக்கிய நோக்கமாக அமைந்தது. அதேபோல, பல்வேறு நோக்கங்களுக்கு பயன் படக்கூடிய இந்திய தேசிய செயற்கைக்கோள் அமைப்பு (இன்சாட்) ஒன்றை உருவாக்கவும் திட்டமிடப்பட்டது.

டாக்டர் விக்ரம் சாராபாய் அவர்களே இந்தியாவில் விண்வெளி ஆராய்ச்சி திட்டங்களை முன்னெடுத்துச் சென்றார். இவர் 'இந்திய விண்வெளி ஆய்வின் தந்தை' எனப் புகழப்படுகிறார்.

1971 டிசம்பரில் விக்ரம் சாராபாய் காலமான நிலையில், எலெக்ட்ரானிக்ஸ் ஆணையத்தில் இருந்த எம்.ஜி.கே. மேனனை இஸ்ரோவின் தலைவராக நியமித்தார் பிரதமர். ஆனால், ஐஐஎஸ்சி யின் இயக்குநராக இருந்த சதீஷ் தவான், இதற்குப் பொருத்தமாக இருப்பார் என்று கருதினார் மேனன்.

அமெரிக்காவுக்கு படிக்கச் சென்றிருந்த சதீஷ் தவான் நாடு திரும்பியதும், அவரிடம் இஸ்ரோவின் தலைமைப் பொறுப்பை ஒப்படைக்க முடிவுசெய்யப்பட்டது.

அவர் இரண்டு நிபந்தனைகளை விதித்தார். ஒன்று, இஸ்ரோவின் தலைமையகத்தை பெங்களூருக்கு மாற்ற வேண்டும். இரண்டாவதாக ஐஐஎஸ்சியின் இயக்குநராகவும் தொடர அனுமதிக்க வேண்டும்.

இந்த இரு நிபந்தனைகளையும் அரசு ஏற்றுக் கொண்டது. சதீஷ் தவான் தலைவராக இருந்த காலகட்டம் இந்திய விண்வெளி ஆய்வு வரலாற்றில் மிக முக்கியமானதாக அமைந்தது.

இந்தியா முதல் முறையாக, தானே சொந்தமாகத் தயாரித்த செயற்கைக்கோளை விண்ணில் ஏவியது. ஆர்யபட்டா என்று

பெயரிடப்பட்ட அந்த செயற்கைக்கோள் 1975-ஆம் ஆண்டு ஏப்ரல் 19-ஆம் தேதி சோவியத் யூனியனிலிருந்து காஸ்மோஸ் 3 எம் ராக்கெட்டைப் பயன்படுத்தி ஏவப்பட்டது.

இது இந்தியாவின் விண்வெளிப் பயணத்தில் மற்றுமொரு மைல்கல்லாக அமைந்தது. இந்தியாவுக்கும் ரஷ்யாவுக்கும் இடையில் ஏற்பட்ட ஒரு ஒப்பந்தத்தின் அடிப்படையில் இந்த செயற்கைக் கோள் ஏவப்பட்டது.

இதற்கிடையில் சொந்தமாக ஒரு ராக்கெட்டைத் தயாரிக்கும் முயற்சியும் தொடர்ந்து நடந்துவந்தது. 1979 ஆகஸ்டில் சொந்தமாகத் தயாரித்த ஒரு ராக்கெட்டை ஏவும் முயற்சி தோல்வியில் முடிந்தது.

ஆனால், 1980-ஆம் ஆண்டு ஜூலை 18-ஆம் தேதி எஸ்எல்வி - 3 வெற்றிகரமாக விண்ணில் ஏவப்பட்டது. இது ரோஹிணி - 1 என்ற 35 கிலோ எடையுள்ள செயற்கைக்கோளை சுற்றுப்பாதையில் நிலை நிறுத்தியது.

இந்தச் சாதனையின் மூலமாக சொந்தமாக ராக்கெட், செயற்கைக் கோள் ஆகியவற்றை உருவாக்கி, அவற்றை கண்காணிக்கும் அமைப்பு களையும் ஏற்படுத்திய 6வது நாடாக இந்தியா உருவெடுத்தது. அமெரிக்கா, ரஷ்யா, சீனா, சில ஐரோப்பிய நாடுகள் ஆகியவற்றிடம் மட்டுமே அந்தத் தொழில்நுட்பம் அப்போது இருந்தது.

இதற்குப் பிறகு தொலைத்தொடர்பு செயற்கைக்கோள்களில் கவனம் செலுத்த இந்தியா முடிவுசெய்தது. 1981 ஜூன் 19-ஆம் தேதி ஏரியன் பாஸஞ்சர் பேலோட் எக்ஸ்பெரிமெண்ட் (ஆப்பிள்) என்ற பெயரில் தொலைத்தொடர்புக்கான சோதனை செயற்கைக்கோளை விண்ணில் ஏவியது.

இந்த காலகட்டத்தில் இஸ்ரோவின் நிர்வாக அமைப்பும் மாறியது. மையப்படுத்தப்பட்ட அணுகுமுறைக்குப் பதிலாக, ராக்கெட்டை உருவாக்குதல், ஏவுதல், செயற்கைக்கோள்களை உருவாக்குதல் என பல பிரிவுகள் உருவாக்கப்பட்டு இயக்குநர்கள் நியமிக்கப்பட்டனர். இதன் மூலம் ஒவ்வொரு பிரிவும் தனித்துவத்துடன் விரைவாக இயங்க முடிந்தது.

1972-84வரை இஸ்ரோவின் தலைவராக சதீஷ் தவான் இருந்த காலகட்டத்தில், அந்த அமைப்பு வெகுதூரம் பயணித்தது. இந்தக் காலகட்டத்தில்தான் இந்தியா விண்வெளி ஆய்வுத் துறை ஒரு முக்கியமான நாடாக மாறத் துவங்கியது. இஸ்ரோவில் அதிக ஆண்டுகள் தலைவராக இருந்தவரும் சதீஷ் தவான்தான்.

1983 வரை நடந்த ராக்கெட் சோதனைகளில், இந்தியா 40 கிலோ எடையுள்ள செயற்கைக்கோள்களை ஏவும் திறன் கொண்டது என்பது நிரூபிக்கப்பட்டது.

பின்னர் இது போதாது என்பது விரைவிலேயே உணரப்பட்டது. ஆகவே, அடுத்ததாக 150 கிலோ எடையுள்ள செயற்கைக்கோள் களைச் சுமந்துசெல்லும் ராக்கெட்களை தயாரிக்க முடிவு செய்தது இஸ்ரோ.

Augmented satellite launch vehicle - ASLV என்ற பெயரில் 150 கிலோ எடையை 400 கி.மீ. உயரத்தில் நிலைநிறுத்தக்கூடிய ராக்கெட்களை உருவாக்கும் முயற்சிகள் துவங்கின. ஆனால், 1987, 88 -ல் நடந்த சோதனை முயற்சிகள் தோல்வியில் முடிவடைந்தன.

பிறகு, 1992 மே 20 -ஆம் தேதி மூன்றாவதாக ஏவப்பட்ட ஏஎஸ்எல்வி - டி3, 105 கிலோ எடையுடைய SROSS என்ற செயற்கைக்கோளை விண்ணில் நிலைநிறுத்தியது.

இருந்தபோதும் அடுத்த கட்டத்திற்குச் செல்ல இது போதுமானதாக இல்லை. வெவ்வேறு சுற்றுப்பாதைகளில் கூடுதல் எடையுடைய செயற்கைக்கோள்களை நிலை நிறுத்த இன்னும் மேம்பட்ட ராக்கெட்கள் தேவைப்பட்டன.

இதையடுத்து துருவ செயற்கைக்கோள் ஏவு வாகனத்தை (பிஎஸ்எல்வி) உருவாக்கும் முயற்சியில் இறங்கியது இந்தியா. இந்தியாவின் விண்வெளிப் பயணத்தை வெகுதூரத்திற்கு முன்னெடுத்துச் சென்ற பெருமை இந்த பிஎஸ்எல்வி ராக்கெட்டையே சாரும்.

1993 செப்டம்பர் 20-ல் ஏவப்பட்ட முதல் பிஎஸ்எல்வி தோல்வி யடைந்தது. 1994 அக்டோபரில் ஏவப்பட்ட பிஎஸ்எல்வி

வெற்றிகரமாக அமைந்தது. இதற்கு அடுத்த கால் நூற்றாண்டிற்கு பிஎஸ்எல்வியே மிக நம்பகமான ஏவுவாகனமாக அமைந்தது. கிட்டத்தட்ட 95 சதவீத பிஎஸ்எல்வி ராக்கெட்டுகள் வெற்றிகரமாக தங்கள் பணியை நிறைவு செய்தன.

இந்த பிஎஸ்எல்வியின் சாதனைகளில் மூன்றை முக்கியமாகக் குறிப்பிட்டுச் சொல்ல வேண்டும். ஒன்று, 2008ல் சந்திரயான் - 1ஐ நிலவுக்கு ஏவியது.

இரண்டாவது, 2013ல் செவ்வாய் கிரகத்திற்குச் செல்லும் Mars Orbiter Spacecraft-ஐ ஏவியது. மூன்றாவதாக, 2017 பிப்ரவரியில் 104 செயற்கைக் கோள்களை நிலைநிறுத்தியது.

வெளிநாடுகளில் ராக்கெட் எரிபொருளுக்கு மேம்பட்ட தொழில் நுட்பத்தில் உருவான கிரையோஜெனிக் எஞ்சின்கள் பயன்படுத்து கின்றனர்.

இந்தியாவும் சுயமாக கிரையோஜெனிக் எஞ்சின்களை உருவாக்கும் முயற்சியில் ஈடுபட்டது. கிரையோஜெனிக் எஞ்சின்கள் மிகச் சிக்கலானவை. இவற்றில் ஹைட்ரஜனும் ஆக்ஸிஜனும் திரவ எரிபொருளாக பயன்படுத்தப்படுகிறது.

ஆக்சிஜன் வாயுவை மைனஸ் 223 டிகிரி அளவுக்குக் குளிர்வித்தால் அது திரவமாகிவிடும். ஹைட்ரஜன் வாயுவை இதேபோல மைனஸ் 253 டிகிரி அளவுக்குக் குளிர்வித்தால் அது திரவமாகிவிடும்.

மிகக் குளிர்ந்த நிலையிலேயே இவை திரவமாக மாறும் என்பதால், அந்த அளவு குளிரைத் தாங்கக்கூடிய பொருளில் எரிபொருள் கலன் அமைய வேண்டும். அதே நேரம் எஞ்சினின் வெப்பம் 2,000 டிகிரியைத் தாண்டும்.

இஸ்ரோ கடந்த பல ஆண்டுகளாகப் பாடுபட்டு சொந்தமாக கிரையோஜெனிக் இன்ஜின்களை உருவாக்கும் முயற்சியில் ஈடுபட்டு, அதில் பெருமளவு வெற்றியும் கண்டுள்ளது.

இவ்வித இன்ஜின்கள் குறித்து ஆராய்ச்சி நடத்தவும் மற்றும் இவற்றைச் செயல்படுத்தி சோதிப்பதற்காகவும் ஒரு கேந்திரம் தமிழகத்தில் மகேந்திரகிரி என்னுமிடத்தில் உள்ளது.

எடைமிக்க செயற்கைக்கோள்களைச் செலுத்துவதற்குப் பொதுவில் மூன்றடுக்கு ராக்கெட் பயன்படுத்தப்படும். சில நாடுகள் இரண்டு அடுக்கு ராக்கெட்டுகளைப் பயன்படுத்துகின்றன. இந்தியாவின் ஜி.எஸ்.எல்.வி.ராக்கெட் மூன்று அடுக்கு ராக்கெட் ஆகும்.

இதில் மூன்றாவது அடுக்கில் பொருத்துவதற்காகத்தான் கிரையோஜெனிக் இன்ஜின் உருவாக்கப்பட்டது. இந்தியா சொந்தமாகத் தயாரித்த கிரையோஜெனிக் இன்ஜினை (மூன்றாவது அடுக்கில்) பொருத்தி 2010 -ஆம் ஆண்டு ஏப்ரலில் ஜி.எஸ்.எல்.வி. ராக்கெட் ஸ்ரீஹரிகோட்டாவிலிருந்து உயரே செலுத்தப்பட்டது.

அந்த ராக்கெட்டின் முகப்பில் 2,220 கிலோ எடை கொண்ட ஜிசாட்-4 செயற்கைக்கோள் வைக்கப்பட்டிருந்தது. ஆனால், அந்த ராக்கெட் தோல்வியில் முடிந்தது. மூன்றாவது அடுக்கிலான கிரையோஜெனிக் இன்ஜின் செயல்படாமல் போனதே தோல்விக்குக் காரணம்.

2010 -ஆம் ஆண்டு டிசம்பர் மாதம் ஜி.எஸ்.எல்.வி மீண்டும் செலுத்தப்பட்டது. செல்லும் பாதையிலிருந்து திசை மாறியதால், கடலுக்கு மேலாக நடு வானில் அழிக்கப்பட்டது. சில தவறான இணைப்புகளால் இத்தோல்வி ஏற்பட்டது.

2013 ஆகஸ்டு மாதம் ஜி.எஸ்.எல்.வி-யைச் செலுத்த எல்லா ஏற்பாடு களும் செய்யப்பட்டன. செலுத்தப்படுவதற்கு சுமார் ஒரு மணி நேரம் இருந்த சமயத்தில், இயந்திரத்தில் ஏதோ சிக்கல் இருப்பது கண்டுபிடிக்கப்பட்டு செலுத்துவது ரத்து செய்யப்பட்டது.

இதற்குப் பிறகு 2014, 15ல் ஆரம்பித்து அடுத்தடுத்த ஜிஎஸ்எல்வி ராக்கெட்டுகள் வெற்றியடைய ஆரம்பித்தன. தற்போதைய சூழலில் இந்தியாவால் 4 டன் எடையை விண்ணுக்கு அனுப்ப முடியும்.

2016 -ஆம் ஆண்டு பருவநிலை மாற்றத்தைக் கண்காணிக்க உதவும் இன்சாட் - 3டிஆர் செயற்கைக்கோளை ஜிஎஸ்எல்வி - எஃப்05 ராக்கெட் மூலம் விண்ணில் ஏவியுள்ளது இந்திய விண்வெளி ஆய்வு நிறுவனம். இதில் உள்நாட்டிலேயே தயாரிக்கப்பட்ட கிரையோ ஜெனிக் எஞ்சின் இந்த ராக்கெட்டில் பொருத்தப்பட்டிருந்தது.

இஸ்ரோவின் பல்வேறுவிதமான பணிகளுக்காகவும், ஆராய்ச்சி களுக்காகவும் பெங்களூரு, திருவனந்தபுரம், டெல்லி, ஸ்ரீஹரி கோட்டா, மகேந்திரகிரி (தமிழ்நாடு) உட்பட 21 இடங்களில் இஸ்ரோ மையங்கள் உள்ளது.

இது தவிர துணை மையங்கள் பல உள்ளன. ஒவ்வொரு மையத் திலும் ஒரு குறிப்பிட்ட திட்டம் குறித்த ஆராய்ச்சிகளும் பணிகளும் மேற்கொள்ளப்படுகிறது.

இஸ்ரோவின் தலைமையகம், 'ஸ்பேஸ் கமிஷன்' எனப்படும் விண்வெளி ஆணையம், துணை மையங்கள் உள்ளிட்ட 11 மையங்கள் பெங்களூருவில்தான் உள்ளது. இவை அனைத்திற்கும் தலை போன்றது 'ஐசாக்' எனப்படும் இஸ்ரோ சாட்டிலைட் சென்டர். (ISRO SATELLITE CENTRE)

இங்கிருந்துதான் இந்தியா இதுவரை அனுப்பிய செயற்கைக் கோள் களும், இனிமேல் அனுப்பப்போகும் செயற்கைக்கோள்களும், கண்காணிக்கப்பட்டு வழிநடத்தப்படுகிறது.

41 பில்லியன் ரூபாய் செலவில் செயல்படும் இஸ்ரோவில் சுமார் 16 ஆயிரம் ஊழியர்கள் பணிபுரிகின்றனர். இது இந்திய விண்வெளித் துறையின் நேரடி கட்டுப்பாட்டில் உள்ளது.

விஞ்ஞானிகளின் விடாமுயற்சி, கடின உழைப்பு, மற்றும் திறமை யினால் இஸ்ரோ பல சாதனைகளை நிகழ்த்தியுள்ளது. 1975-ல் ஆர்யபட்டா என்ற இந்தியாவின் முதல் செயற்கைக்கோள் இஸ்ரோ வினால் உருவாக்கப்பட்டது. இது சோவியத் ரஷ்யாவின் உதவி யுடன் அந்நாட்டிலிருந்து, அவர்களுடைய ராக்கெட் மூலம் விண்ணில் செலுத்தப்பட்டது. அதைத் தொடர்ந்து பாஸ்கரா, ரோகிணி, கல்பனா, இன்சாட் போன்ற பல செயற்கைக்கோள்கள் விண்ணில் செலுத்தப்பட்டது.

பூமியை சுற்றும் பல செயற்கைக்கோள்கள் ஏவப்பட்டது போல் நிலவினை ஆய்வு செய்வதற்காக சந்திராயன் என்ற செயற்கைக் கோள் 2008, அக்டோபர் 22 -ல் விண்ணில் ஏவப்பட்டது.

நிலவைச் சுற்ற ஆரம்பித்த சந்திரயான், அங்கிருந்து தகவல்களை வெற்றிகரமாக அனுப்ப ஆரம்பித்தது. ஆனால், 2 ஆண்டுகள் செயல் பாட்டில் இருந்திருக்க வேண்டிய சந்திரயான், 2009 ஆகஸ்ட் 29 -ஆம் தேதியோடு அதாவது 312 நாட்களில் செயல்பாட்டை நிறுத்திக் கொண்டது.

இருந்தபோதும், இந்த சோதனையில் ஒரு முக்கியமான தகவலை சந்திரயான் அனுப்பியது. அதாவது நிலவில் நீர் மூலக்கூறுகள் இருப்பதை சந்திரயான் கண்டுபிடித்தது. இந்தத் திட்டத்தின் வெற்றி, விண்வெளி சக்திகள் மத்தியில் இந்தியாவின் மதிப்பை வெகுவாக உயர்த்தியது.

மேலும் 2013, நவம்பர் 5-ல் பெரும் சாதனையான 'மங்கள்யான்' என்று அழைக்கப்படும் (MARS ORBIT MISSION) என்ற செவ்வாய் கிரக ஆராய்ச்சிக்கான செயற்கைக்கோள் அனுப்பப்பட்டு பல ஆய்வுகள் நடத்தப்படுகிறது.

கடந்த சில ஆண்டுகளாக வெளிநாட்டு செயற்கைக்கோள்களும் இஸ்ரோவினால் விண்ணில் செலுத்தப்படுகிறது. ஐம்பதுக்கும்

மேற்பட்ட நாடுகளின் செயற்கைக்கோள்கள் விண்வெளியில் சுற்றி னாலும் 10 நாடுகள்தான் அவற்றை ஏவும் வசதியைப் பெற்றுள்ளது. அவ்வகையில் இஸ்ரோவினால் 2018 நவம்பர் வரை 269க்கும் மேற் பட்ட வெளிநாட்டு செயற்கைக் கோள்கள் விண்ணில் ஏவப் பட்டுள்ளன.

1980 -ஆம் ஆண்டில் இந்தியாவிலேயே வடிவமைத்து உருவாக்கப் பட்ட ஏவூர்தி (S.L.V.3 - SATELLITE LAUNCHING VEHICLE) மூலம் ரோஹிணி செயற்கைக்கோள் விண்ணில் ஏவப்பட்டது! இது 500 கி.மீ. உயரத்தில் 40 கிலோ எடை கொண்ட செயற்கைக்கோளை நிலைநிறுத்தும் திறன் கொண்டது.

அதன்பின் படிப்படியாக ஏ.எஸ்.எல்.வி. (A.S.L.V. - AUGMENTED SATELLITE LAUNCH VEHICLE) துருவச் சுற்றுப் பாதையில் நிலை நிறுத்த உதவும் பி.எஸ்.எல்.வி. (P.S.L.V. - POLAR SATELLITE LAUNCHING VEHICLE) என மேம்பட்ட திறன் கொண்ட ஏவூர்திகள் இஸ்ரோவினால் உருவாக்கப் பட்டன.

பி.எஸ்.எஸ்.வி. ஏவூர்தி உருவாக்கும் முயற்சிகள் பல தடைகளைத் தாண்டி 1990களில் வெற்றி பெற்றது. இதன் மூலம் பல தொலைத் தொடர்பு செயற்கைக்கோள்கள் உட்பட 90 செயற்கைக்கோள்கள் டிசம்பர் 2015-ல் பி.எஸ்.எல்.வி. மூலம் 10 செயற்கைக்கோள்கள் ஒரே சமயத்தில் விண்ணில் ஏவப்பட்டது ஒரு மிகப் பெரிய சாதனை யாகும்.

மேலும் 2016-ல் பி.எஸ்.எல்.வி-சி34, 20 செயற்கைக்கோள்களை யும், பி.எஸ்.எல்.வி. சி35, எட்டு செயற்கைக்கோள்களையும், 2017, பிப்ரவரியில், பி.எஸ்.எல்.வி சி37, 104 செயற்கைக்கோள்களையும், அதே வருடம் ஜூனில் பி.எஸ்.எல்.வி 38, 31 செயற்கைக்கோள் களையும் ஒரே சமயத்தில் தாங்கிச் சென்றது. 2019 மே மாதம் பி.எஸ்.எல்.வி 46 ஏவப்பட்டது. இது பூமியின் பருவ நிலைகளைக் கண்காணிப்பதற்காக ஏவப்பட்டது.

இந்திய விண்வெளி ஆய்வு மையமானது, விண்வெளிக்கு செல்லும் கருவிகள், விண்வெளிப் பறப்பு போன்றவை மட்டுமில்லாமல் மேலும் சில திட்டங்களையும் மேற்கொண்டுள்ளது.

இதில் குறிப்பிடத்தக்கது, புவன் திட்டமாகும். கூகுள் எர்த் திட்டத்திற்கு போட்டியாகவும், அதிநவீன வசதிகளுடன் இந்தியாவின் பாதுகாப்புக் காரணங்களுக்காக வடிவமைக்கப்பட்ட இத்திட்டத்தின் வாயிலாக முப்பரிமாண படங்களையும் மிகத் துல்லியமாகப் காணலாம்.

இத்திட்டத்தின் வாயிலாக, இந்தியாவின் எந்த நிலப்பரப்பையும் தெட்டத்தெளிவாகப் பார்க்க முடியும். அதன் துல்லிய அளவு, 10 மீட்டர் முதல் 55 மீட்டர் உயரம் வரை. இதன் மூலம் சாலையில் உள்ள ஒரு வாகனத்தைக் கூட இந்த இணையதளம் மூலம் பார்க்க முடியும்.

ஆனால், தீவிரவாதிகள், தேச துரோகிகளுக்கு உதவிடும் வகையில் இந்த இணையதளம் அமைந்துவிடக் கூடாது என்பதற்காக, பாது காப்பு பகுதிகள், ராணுவ சம்பந்தப்பட்ட இடங்கள், முக்கிய இடங்கள் ஆகியவை குறிப்பிட்ட அளவுக்கு மேல் துல்லியமாகப் பார்க்க முடியாது.

வருங்கால திட்டங்கள்

- அதிக எடை கொண்ட செயற்கைக்கோள்களை நிலை நிறுத்தும் திறன் மிக்க ஏவூர்திகளை உருவாக்குவது
- மீண்டும் பயன்படக்கூடிய ஏவூர்தி வடிவமைப்பது
- மனிதர்கள் விண்ணில் பயணிக்கக்கூடிய விண்கலங்கள் வடிவமைத்து உருவாக்குவது
- சூரியனை ஆராய செயற்கைக்கோள் ஒன்று வடிவமைத்து விண்ணில் ஏவுவது போன்ற உன்னத நோக்கங்களுடன் ஆராய்ச்சிகள் இஸ்ரோவில் மேற்கொள்ளப்படுகின்றன.

இந்தியா பல துறைகளிலும் சிறப்பான நவீன தொழில் நுட்பங் களைப் பெற்று உலகளவில் தலை நிமிர்ந்து நிற்பதற்கு இஸ்ரோவின் பங்களிப்பு மிக மிக முக்கிய காரணமாகும்.

❑

6. சாதனை படைத்த இந்திய செயற்கைக்கோள்கள்

பல துறைகளில் முன்னேற்றம் கண்டு வரும் இந்தியா விண்வெளி ஆய்வுகளில் மற்ற வல்லரசு நாடுகளுக்கு சளைத்தவர்கள் இல்லை என்பதை நிரூபித்துள்ளது.

விண்வெளி துறையில் பல சாதனைகளைப் படைத்துள்ளது இந்தியா. வல்லரசு நாடுகளுக்குப் போட்டியாக அணுகுண்டு சோதனைகளை வெற்றிகரமாக நடத்தியுள்ளது. பல ஏவுகணைகளை வெற்றிகரமாக உருவாக்கியுள்ளது.

அதேபோல் இஸ்ரோ நிறுவனம் செயற்கைக்கோள்கள் அனுப்புவதிலும் வெற்றி கண்டுள்ளது. இஸ்ரோ அனுப்பிய முக்கியமான செயற்கைக்கோள்கள் பற்றி இந்தப் பகுதியில் பார்ப்போம்.

ஆரியபட்டா

ஐந்தாம் நூற்றாண்டில் வாழ்ந்த மாபெரும் இந்திய வானியல் கணித மேதையான ஆரியபட்டாவின் நினைவாக அவர் பெயரிடப்பட்ட முதல் இந்தியச் செயற்கைக்கோள் இது ஆகும்.

இச்செயற்கைக்கோள் 1975 -ஆம் ஆண்டு ஏப்ரல் 19 -ஆம் நாள் ரஷியாவிலுள்ள கபூஸ்டியன்யார் என்னும் ஏவுதளத்திலிருந்து விண்வெளி நோக்கி ஏவப்பட்டது.

ஆரியபட்டா செயற்கைக்கோள் இந்திய விண்வெளி ஆய்வு நிறுவனத்தினால் வானியல் ஆய்வுகளை மேற்கொள்ளுவதற்காக உருவாக்கப்பட்டது. ரஷ்யா உட்பட எட்டு நாடுகளின் உறுதுணை யோடு இச்செயற்கைக்கோள் திட்டம் நிறைவேற்றப்பட்டது. இச்செயற்கைக்கோள் உருவாக்கத்திற்கென சுமார் ஐந்து கோடி ரூபாய் செலவாகியது. இதனை உருவாக்க 250 பொறியாளர்கள் 26 மாதங்கள் கடும் உழைப்பைச் செலவிட்டனர்.

இச்செயற்கைக்கோள் 360 கிலோ கிராம் எடை கொண்டது. இது 26 பக்க கோணங்களைக் கொண்ட வடிவத்தைக் கொண்டது. பூமியிலிருந்து சுமார் 695 கி.மீ. உயரத்தில் அமையுமாறு ஏவப் பட்டது.

Aryabhata Satellite (1975)

இது உலகை ஒருமுறை சுற்றிவர 96.6 நிமிடங்கள் எடுத்துக் கொண்டது. ஒரு நாளைக்கு 15 சுற்றுக்கள் வீதம் உலகைச் சுற்றி வந்தது. இதன் சராசரி வேகம் விநாடிக்கு 8 கி.மீ. ஆகும். இதன் இயக்கம் ஆறு மாதங்கள் மட்டுமே.

பாஸ்கரா-1

பாஸ்கரா-1 (Bhaskara-1) இந்தியா விண்வெளியில் செலுத்திய இரண்டாவது செயற்கைக் கோளாகும். இந்திய விண்வெளி ஆய்வு மையம் உருவாக்கிய இச்செயற்கைக்கோள் பூமியின் தாழ் வட்டப் பாதையில் நிலைநிறுத்தப்பட்ட ஒரு புவி ஆய்வு செயற்கைக் கோளாகும். தொலையளவியல், நீரியல் மற்றும் கடலியல் தொடர்பான தரவுகளை இச்செயற்கைக்கோள் திரட்டியது.

இந்திய வானவியல் ஆராய்ச்சி நிபுணரான பாஸ்கராவின் பெயரை இச்செயற்கைக்கோளிற்கு பெயரிட்டார்கள். 1979-ஆம் ஆண்டு சூன் மாதம் ஏழாம் நாள் 444 கிலோ எடையுள்ளதாக பாஸ்கரா-1 தயாரிக்கப்பட்டது.

பூமிக்கு 50.7^0 சாய்வாக 394 கிலோமீட்டர் மற்றும் 399 கிலோ மீட்டர் சுற்றுப்பாதை வீச்சில் பூமியின் உயரத்தில் நடுக்கோட்டை மையமாகக் கொண்டு நிலை நிறுத்தப்பட்டது. சோவியத் ஒன்றியத்தின் கபுசுடின்யார் தளத்தில் இருந்து இத்தொலையுணர்வு செயற்கைக்கோள் விண்ணிற்குச் செலுத்தப்பட்டது.

இச்செயற்கைக்கோளில் இரண்டு புகைப்படக் கருவிகள் பொருத்தப்பட்டிருந்தன. கட்புலனாகும் நிறமாலை அலைநீளம் 600 நானோமீட்டரிலிருந்தும் 800 நானோமீட்டரில் அகச்சிவப்புக் கதிருக்கு அருகிலிருந்தும் இவை புகைப்படங்களை எடுத்து அனுப்பக்கூடியவையாகும். நீர்வளம், வனவளம் மற்றும் பூமியின் மண்ணியல் தொடர்பான ஆராய்ச்சிகள் இதனால் நிகழ்த்தப் பட்டன.

இச்செயற்கைக்கோளுடன் இணைக்கப்பட்ட நுண்ணலை நுண் கதிரளவி 19 மற்றும் 22 ஜிகா எர்ட்சு அளவுகளில் இருந்து சமுத்திர அமைப்பு, நீராவி மற்றும் காற்றில் உள்ள நீரின் அளவு ஆகியன வற்றை அறிவதற்கான ஆய்வுகளை மேற்கோண்டது.

தொடர்ந்து ஒரு வருடம் பத்து மாதங்கள் பூமியை வலம் வந்த இச்செயற்கைக்கோள், விண்வெளி ஆராய்ச்சிக்குத் தேவையான பல புகைப்படங்களை ஐதராபாத்திலுள்ள தரை கட்டுப்பாட்டு நிலையத்திற்கு அனுப்பி வந்தது.

பாஸ்கரா-2

சமுத்திரம் மற்றும் நிலவியல் தொடர்பான ஆய்வுகளுக்காக விண்ணில் செலுத்தப்பட்டது பாஸ்கரா-2 செயற்கைக்கோளாகும். பூமிக்கு 50.7^0 சாய்வாக 541 கிலோமீட்டர் மற்றும் 557 கிலோ மீட்டர் சுற்றுப்பாதை வீச்சில் பூமியின் உயரத்தில் நடுக்கோட்டை மையமாகக் கொண்டு இச்செயற்கைக்கோள் நிலைநிறுத்தப் பட்டது. இச்செயற்கைக்கோள் 2000த்திற்கும் அதிகமான படங்களை எடுத்து பூமிக்கு அனுப்பியது.

ரோகிணி

ரோகிணி என்பது இஸ்ரோவால் செலுத்தப்பட்ட தொடர் செயற்கைக்கோளின் பெயர் ஆகும். ரோகிணி தொடர், நான்கு செயற்கைக்கோள்களை கொண்டது. அவை அனைத்தும் இஸ்ரோ

வின் எஸ்.எல்.வி. எனப்படும் செயற்கைக்கோள் செலுத்தி வாகனம் மூலம் செலுத்தப்பட்டது.

அதில் மூன்று வெற்றிகரமாக அதன் சுற்றுவட்ட பாதையில் நிறுத்தப்பட்டது. இந்த செயற்கைக்கோள்கள் சோதனை அடிப்படையில் செலுத்தப்பட்டவை. வெளிநாடுகளின் உதவியின்றி நாம் அனுப்பிய முதல் செயற்கைக்கோள் என்றால் அது ரோகிணி செயற்கைக்கோள் தான்.

இது 35 கி.கி. எடை உடைய சுழற்சியை நிலைநிறுத்தும் சோதனைச் செயற்கைக்கோள். அதற்கு 3 வாட்டுகள் ஆற்றல் பயன்படுத்தப் பட்டது. இது 10-8-1979இல் சதீஸ்தவான் விண்வெளி மையத்தி லிருந்து செலுத்தப்பட்டது. இதில் செயற்கைக்கோள் செலுத்தி வண்டியின் கண்காணிப்பான் பொருத்தப்பட்டிருந்தது.

இந்த செயற்கைக்கோள் டிஜிட்டல் சூரிய சென்சார், காந்தமானி மற்றும் வெப்பநிலை உணரிகளைக் கொண்டு சென்றது. இதன் அமைப்பு அலுமினியம் கலவையால் ஆனது.

இந்த செயற்கைக்கோள் அதன் சுற்றுவட்டப் பாதையை அடைய வில்லை. இருப்பினும் இதன் செயற்கைக்கோள் செலுத்தி வண்டியின் (SLV) பணி மட்டும் வெற்றியாக அமைந்தது.

எஸ்.எல்.வி. என்பது இந்திய விண்வெளி ஆய்வு மையம் செயற்கைக் கோள் செலுத்தி வாகனம் (Satellite launch vehicle) என்ற பெயரில் முதன்முறையாக தயாரித்த ஏவுகலமாகும். இந்த ஏவுகலம் தயாரிப்பதற்கான திட்டம் 1970களில் ஆரம்பிக்கப்பட்டது.

ஏவுகலம் தயாரிப்பதற்கான திட்டத்தின் முதல் திட்டத் தலைவராக ஆ.ப.ஜெ. அப்துல் கலாம் பணியாற்றினார். இதன் செயற்கைகோள் எடை 40 கிலோ கிராம். இதில் உள்ள 4 உறுப்பு கலங்களும் திட எரி பொருளைக் கொண்டு வடிவமைக்கப்பட்டன.

இதன் முதல் சோதனையானது 8.10.1979-ஆம் ஆண்டு நடைபெற்றது. இச்சோதனை தோல்வியில் முடிந்தது. அதன் பிறகு 3 சோதனைகள் நடத்தப்பெற்றன. அதில் 2 மற்றும் 4-ஆம் சோதனைகள் முழு வெற்றி

பெற்றன. இதன் கடைசி சோதனை ஏப்ரல் 17, 1983 அன்று நடத்தப் பெற்றது.

ஆர்.எஸ்-1

இதுவும் 35 கி.கி. எடை உடைய சுழற்சியை நிலைநிறுத்தும் சோதனைச் செயற்கைக்கோள். இதற்கு 16 வாட்டுகள் ஆற்றல் பயன் படுத்தப்பட்டது.

இது 1980 -ஆம் ஆண்டு சதீஸ்தவான் விண்வெளி மையத்திலிருந்து செலுத்தப்பட்டது. இந்த செயற்கைக்கோள் 20 மாத காலம் உயிர்ப்புடன் இருந்தது.

ஆர்.எஸ்-டி1

இது 38 கி.கி. எடை உடைய சுழற்சியை நிலைநிறுத்தும் சோதனைச் செயற்கைக்கோள் ஆகும். இதற்கு 16 வாட்டுகள் ஆற்றல் பயன் படுத்தப்பட்டது. இது 31.5.1981-ல் சதீஸ்தவான் விண்வெளி மையத்திலிருந்து செலுத்தப்பட்டது.

இதுவும் பாதி வெற்றி தான் பெற்றது; இந்த செயற்கைக் கோளால் நாம் எதிர்பார்த்த அளவு தூரத்தை அடைய முடியவில்லை. அதனால் 9 நாட்கள் மட்டுமே சுற்றுவட்டப்பாதையில் வட்டமிட்டது, இந்த செயற்கைக்கோள் ரிமோட் மூலம் இயங்கும் ஒரு புகைப்பட கருவி யையும் சோதனைக்காக எடுத்து சென்றது.

ஆர்.எஸ்-டி2

இது 41.5 கி.கி. எடை உடைய சுழற்சியை நிலைநிறுத்தும் சோதனைச் செயற்கைக்கோள் ஆகும். இதற்கு 16 வாட்டுகள் ஆற்றல் பயன்படுத்தப்பட்டது. இது 17.4.1983 -ல் செலுத்தப்பட்டது.

இந்த செயற்கைக்கோள் 17 மாதங்கள் உயிர்ப்புடன் இருந்தது. ரிமோட் மூலம் இயங்கும் ஒரு புகைப்பட கருவியையும் இதில் இணைக்கப்பட்டிருந்தது.

அந்த புகைப்படக் கருவி 2500 படங்களுக்கு மேல் எடுத்து அனுப்பியது. இந்த புகைப்படக் கருவி சாதாரணமாகவும் மற்றும்

அகச்சிவப்பு பட்டைகள் மூலமும் புகைப்படம் எடுக்கும் திறன் கொண்டிருந்தது.

ஆப்பிள் (செயற்கைக்கோள்)

ஆப்பிள் செயற்கைக்கோள் (Ariane Passenger Payload Experiment) இந்தியா விண்வெளியில் செலுத்திய ஆறாவது செயற்கைக் கோளாகும். இந்திய விண்வெளி ஆய்வு மையம் உருவாக்கிய இச்செயற்கைக்கோள் இந்தியாவின் தகவல் தொடர்புத் துறைக்காக ஐரோப்பிய விண்வெளி நிறுவனத்தால் செலுத்தப்பட்டது.

1981 -ஆம் ஆண்டு சூன் மாதம் 19 -ஆம் நாள் தென் அமெரிக்காவின் பிரெஞ்சு கயானாவில் இருக்கும் கோராவ் என்ற தளத்திலிருந்து ஏரியன் என்ற ஏவுகலத்தால் இச்செயற்கைக்கோள் செலுத்தப்பட்டது. சி-பட்டை அலை வாங்கிச் செலுத்தி இச் செயற்கைக்கோளில் பொருத்தப்பட்டிருந்தது. ஏரியன் பாசஞ்சர் பேலோட் எக்ஸ்பெரி மெண்ட் என்ற ஆங்கிலச் சொற்களின் சுருக்கமே ஆப்பிள் என்றழைக்கப்படுகிறது.

ஆப்பிளே, இந்தியாவின் முதலாவது புவிநிலைச் சுற்றுப்பாதை மூவச்சு நிலையாக்க தகவல் தொடர்புச் செயற்கைக்கோள் ஆகும். 1981 -ஆம் ஆண்டு சூலை 16 அன்று இச்செயற்கைக்கோள் 102^0 கிழக்கு தீர்க்கரேகையில் நிலைநிறுத்தப்பட்டது.

672 கிலோ எடையுள்ளதாகத் தயாரிக்கப்பட்ட ஆப்பிள் செயற்கைக் கோள் பல்வேறு தகவல் தொடர்பு பரிசோதனைகளுக்கும் தேவை களுக்கும் பயன்பட்டு 27 மாதங்கள் விண்ணில் வலம் வந்த இது 1983-ஆம் ஆண்டு செப்டம்பர் 19-ல் செயலிழந்தது.

தொலைக்காட்சி ஒளிபரப்பு, வானொலி ஒலிபரப்பு ஆகிய சேவை களுக்கு இது மிகவும் பயனுள்ளதாக இருந்தது. உருளை வடிவத்தில் 1.2 மீட்டர் விட்டமும் 1.2 மீட்டர் உயரமும் கொண்டதுதான் இந்த ஆப்பிள் செயற்கைக்கோள். இரண்டு 6/4 கிகா எர்ட்சு அலை வாங்கிச் செலுத்திகள், 0.9 விட்டமுள்ள பரவளைய வானலை வாங்கி இணைக்கப்பட்டு இவ்விண்கலம் தயாரிக்கப்பட்டது.

இன்சாட் தொகுதி

இன்சாட் (INSAT) அல்லது இந்திய தேசிய செயற்கைக்கோள் தொகுதி என்பது இந்தியாவின் இஸ்ரோவினால் அனுப்பப்பட்ட முதல் தகவல் தொழில்நுட்ப செயற்கைக்கோள்கள் ஆகும். தொலைத்தொடர்பு, நேரலை ஒளிபரப்பு, வானிலை, மற்றும் தேடல் மற்றும் மீட்பு நடவடிக்கை தேவைகளை நிறைவு செய்வதற் காக இவ்வகை இன்சாட் செயற்கைகோள்கள் அனுப்பப்பட்டன.

1983-ல் ஆரம்பிக்கப்பட்ட இன்சாட் திட்டமானது ஆசிய-பசிபிக் பிராந்தியத்தில் உருவாக்கப்பட்ட மிகப்பெரிய உள்நாட்டு தகவல் தொடர்பு அமைப்பு ஆகும்.

இது விண்வெளி துறை, தொலைத்தொடர்பு துறை, இந்திய வானிலை ஆய்வுத் துறை, அகில இந்திய வானொலி மற்றும் தூர்தர்ஷன் ஆகியவற்றின் கூட்டு முயற்சியாகும். செயலாளர் மட்டத்தில் அமைந்த இன்சாட் ஒருங்கிணைப்பு குழு, இன்சாட் அமைப்பின் ஒட்டுமொத்த ஒருங்கிணைப்பு மற்றும் மேலாண்மையை நிர்வகிக்கிறது.

இந்தியாவின் தொலைத்தொடர்பு மற்றும் தொலைக்காட்சி ஒளி பரப்புப் பயன்பாடுகளுக்கான அலைவாங்கிப் பரப்பிகளை (சி.எஸ், நீட்டித்த சி மற்றும் கேயு வரிசை) இன்சாட் செயற்கைக்கோள்கள் வழங்குகின்றன.

சில செயற்கைக் கோள்களில் மீவுயர் தெளிதிறன் நுண்கதிர் வெப்ப அளவி மற்றும் வானிலையியல் மாற்றங்களைக் காட்சிப்படுத்த உதவும் சிசிடி புகைப்படக் கருவிகளும் பொருத்தப்பட்டு பயன் படுத்தப்படுகின்றன.

தெற்காசிய மற்றும் இந்திய பெருங்கடல் பகுதியில் உருவாகும் இடர்பாடுகளை கண்டறிந்து எச்சரிக்கும் சமிக்ஞைகளை வாங்கிக் கொள்ளும் அலைவாங்கி பரப்பிகளும் இன்சாட் செயற்கைக் கோள்களில் இணைக்கப்பட்டுள்ளன.

அனைத்துலக இடர்பாடுகள் கண்டறிந்து எச்சரிக்கும் தகவல் தொடர்பு அமைப்பில் (Cospas-Sarsat) இந்திய விண்வெளி ஆராய்ச்சி நிறுவனமும் ஒரு உறுப்பினர் ஆகும்.

இன்சாட் அமைப்பு

இந்திய தேசிய செயற்கைக்கோள் அமைப்பு 1983-ஆம் ஆண்டு ஆகஸ்ட் மாதம் இன்சாட்-1B செயற்கைக்கோள் ஏவுதலுடன் ஆரம்பிக்கப்பட்டது. 1982-ல் அனுப்பப்பட்ட இன்சாட்-1A ஆனது தோல்வியில் முடிந்தது.

இன்சாட் அமைப்பு செயற்கைக்கோள்களானது இந்தியாவில் தொலைக்காட்சி, வானொலி, தொலைத்தொடர்பு மற்றும் வானிலை ஆராய்ச்சி துறைகளில் மிகப்பெரிய புரட்சியையே ஏற்படுத்தியது எனலாம். இது தொலைக்காட்சி மற்றும் தொலைத்தொடர்பு அமைப்புகளின் அசுர வளர்ச்சிக்கு வித்திட்டது எனலாம்.

கல்பனா-1 ஆனது வானிலைக்காக மட்டும் தனியே அனுப்பப்பட்ட செயற்கைக்கோள் ஆகும். ஹசன் மற்றும் போபாலில் உள்ள கட்டுப்பாட்டு அறைகளின் மூலம் இன்சாட் செயற்கைக் கோள்கள் கட்டுப்படுத்தப்படுகின்றன. தற்போது 21-ல் 11 செயற்கைகோள்கள் இயக்கத்தில் உள்ளன.

இன்சாட் - 1சி

முதல் தலைமுறை இந்திய தேசிய செயற்கைக்கோள் அமைப்பில் உள்ள மூன்றாவது விண்கலம் இன்சாட்-1சி ஆகும். புவிநிலை (94 டிகிரி கிழக்கு), மூன்று-அச்சு நிலைப்படுத்தப்பட்ட விண்கலம் செயல்பாட்டில் இன்சாட் 1ஏ மற்றும் 1பிக்கு ஒத்ததாக இருந்தது.

மேலும் 7 ஆண்டுகளில் ஒருங்கிணைந்த தொலைத்தொடர்பு, நேரடி தொலைக்காட்சி ஒளிபரப்பு மற்றும் வானிலை சேவைகளை வழங்க வடிவமைக்கப்பட்டுள்ளது.

இந்தியாவின் தொலைதூர பகுதிகளுக்கு இருவழி, நீண்ட தூர தொலைபேசி சுற்றுகள் மற்றும் நேரடி வானொலி மற்றும் தொலைக் காட்சி ஒளிபரப்பை வழங்கியது.

ஒவ்வொரு 30 நிமிடங்களுக்கும் முழு-பிரேம், முழு-எர்த் கவரேஜை வழங்குவதற்காக, மிக உயர்-தெளிவுத்திறன் கொண்ட, இரண்டு-சேனல் ரேடியோமீட்டர் ஸ்கேனிங் கொண்டதாக வானிலை ஆய்வு தொகுப்பு இருந்தது.

காட்சி சேனல் (0.55-0.75 மைக்ரோமீட்டர்) 2.75-கிமீ தெளிவுத் திறனைக் கொண்டிருந்தது, ஐஆர் சேனல் (10.5-12.5 மைக்ரோ மீட்டர்கள்) 11-கிமீ தெளிவுத்திறனைக் கொண்டிருந்தது. INSAT TV திறனைப் பயன்படுத்தி, வரவிருக்கும் பேரழிவுகள் (அதாவது, வெள்ளம், புயல்கள் போன்றவை) பற்றிய முன்கூட்டிய எச்சரிக்கைகள் தொலைதூரப் பகுதிகளில் உள்ள பொதுமக்களை நேரடியாகச் சென்றடையும்.

கவனிக்கப்படாத நிலம் சார்ந்த அல்லது கடல் சார்ந்த தரவு சேகரிப்பு மற்றும் பரிமாற்ற தளங்களில் இருந்து வானிலை, நீரியல் மற்றும் கடல்சார் தரவுகளை வெளியிடுவதற்கான தரவு சேனலை INSAT-1C கொண்டுள்ளது.

இன்சாட்-1 வரிசையிலான 4 செயற்கைக்கோள்களுமே இந்தியா அளித்த திட்டத்தின்படி அமெரிக்க நிறுவனம் தயாரித்தவை. இன்சாட்-2A தொடங்கி இந்த வகை செயற்கைக்கோள்களை நாமே தயாரிக்க ஆரம்பித்தோம்.

இன்சாட் வரிசையில் இன்சாட் - 2DT என்ற செயற்கைக்கோளையும் குறிப்பிட்டாக வேண்டும். ஒரு கட்டத்தில் நம் தேவைக்குப் போது மான இன்சாட் செயற்கைக்கோள்கள் விண்ணில் இல்லாத நிலையில், அவசர அடிப்படையில் Arabsat என்ற செயற்கைக்கோளை இந்தியா விலைக்கு வாங்கி அதற்கு இன்சாட்-2DT என்று பெயர் சூட்டியது. விண்ணில் ஏற்கெனவே செயல்பட்டுக் கொண்டிருந்த செயற்கைக் கோள் இப்படி விலைக்கு வாங்கிப் பயன்படுத்தப்பட்டது.

இன்சாட் - 2

ஜூலை 1992இல் இன்சாட்-2ஏ ஏவப்பட்டதில் தொடங்கி, இன்சாட்-2 (இந்திய தேசிய செயற்கைக்கோள்-2) தொலைத் தொடர்பு, தொலைக்காட்சி ஒளிபரப்பு, வானிலை ஆய்வு மற்றும் தேடல் மற்றும் மீட்பு சேவைகளுக்கான ஐந்து பல்நோக்கு புவிசார் செயற்கைக்கோள்களின் தொடர் ஆரம்பமானது.

மேற்பரப்பில் மழைப்பொழிவு தீவிரம் (திரவ அல்லது திட), மேக வகை, நில மேற்பரப்பு படங்கள், நீண்ட அலை கதிர்வீச்சு, பூமியின் மேற்பரப்பு ஆல்பிடோ, நில மேற்பரப்பு வெப்பநிலை, கடல்

மேற்பரப்பு வெப்பநிலை, காற்றின் சுயவிவரம் பற்றிய தரவுகள் தருவது இச்செயற்கைக்கோள்களின் பணியாகும்.

இரண்டாவது மற்றும் அடுத்தடுத்த தலைமுறை செயற்கைக் கோள்கள் உள்நாட்டிலேயே வடிவமைக்கப்பட்டு உருவாக்கப் பட்டன. இன்சாட்-2 தொடரானது, இன்சாட்-2ஏ முதல் -2இ வரை யிலான ஐந்து விண்கலங்களைக் கொண்டு உருவாக்கப்பட்டது.

பயனர் சமூகத்தின் தேவைகளைப் பூர்த்தி செய்ய, அடுத்த இரண்டு செயற்கைக்கோள்களான இன்சாட்-2சி மற்றும் இன்சாட்-2டி ஆகியவை பிரத்யேக தகவல் தொடர்பு செயற்கைக்கோள்களாக மறுகட்டமைக்கப்பட்டன.

இன்சாட் - 3டிஆர்

இந்திய செயற்கைக்கோள் தொகுதி - 3டிஆர் (INSAT-3DR) என்பது இந்திய வானியல் ஆராய்ச்சி அமைப்பு மற்றும் இந்திய தேசிய செயற்கைக்கோள் அமைப்பு மூலம் இயக்கப்படும் ஒரு இந்திய வானிலை செயற்கைக்கோள் ஆகும்.

இது 6-அலைவரிசை இமேஜர் மற்றும் ஒரு 19-அலைவரிசை ஒலிப்பான், அத்துடன் தேடும் தரவு மற்றும் தரவு மீட்பு சேகரிப்பு தளங்களுக்கு செய்தி அனுப்புதல் ஆகியவற்றைப் பயன்படுத்தி இந்தியாவுக்கு வானிலை சேவை வழங்கும்.

இந்த செயற்கைக்கோள் செப்டம்பர் 8, 2016, 11:20 மணியளவில் புவி ஒத்தியக்க செயற்கைக்கோள் செலுத்து வாகனம் (GSLV MK II) மூலம் சதீஸ்தவான் விண்வெளி மையத்தில் இருந்து வெற்றிகரமாக ஏவப்பட்டது.

இந்திய தொலை உணர்வுச் செயற்கைக்கோள்

இந்திய தொலைதூர உணர்வுகாணல் செயற்கைகோள் Indian Remote Sensing Satellite (IRS) எனப்படுவது இந்தியாவின் அதி நவீன புவி கண்காணிப்பு செயற்கைகோள். இது இந்திய விண்வெளி ஆய்வு மையத்தினால் செய்யப்பட்டது. இது இந்தியாவின் ஒரு தொடர் செயற்கைகோள் ஆகும்.

இத்தொலைதூர உணர்வுகாணல் செயற்கைகோள் இந்தியாவின் வளர்ச்சியை நோக்கி உருவாக்கப்பட்டது ஆகும். இது இந்தியாவின் அனைத்து பொருளாதார பிரிவுகளிலும் சிறப்பாகப் பங்கேற்றி வருகின்றது.

உதாரணமாக வேளாண்மை துறை, நீர் வளம் துறை, வனவியல் துறை, சூழ்நிலையியல் துறை, நிலவியல் துறை, கடல் மீன் வளத் துறை மற்றும் கடலோர மேலாண்மைத் துறைகளில் பெரிதும் பயன் படுகின்றன.

ஐஆர்எஸ்-1பி

இந்திய ரிமோட் சென்சிங் செயற்கைக்கோள்-1பி, உள்நாட்டு அதி நவீன தொலைநிலை உணர்திறன் செயற்கைக்கோள்களின் தொடரில் இரண்டாவது அனுப்பப்பட்டது.

ரஷியாவில் பைக்கனூர் நகரில் உள்ள சோவியத் காஸ்மோட் ரோமில் இருந்து 29 ஆகஸ்ட் 1991 அன்று துருவ சூரிய ஒத்திசைவு சுற்றுப்பாதையில் வெற்றிகரமாக செலுத்தப்பட்டது.

இச்செயற்கைக்கோள் விவசாயம், வனவியல், புவியியல் மற்றும் நீரியல் போன்ற பல்வேறு நில அடிப்படையிலான பயன்பாடுகளுக் கான படங்களை துல்லியமாக வழங்கும் வசதி கொண்டது.

ஜிசாட்

ஜிசாட் (Geosynchronous Satellite) செயற்கைக்கோள்கள் இந்தியாவின் உள்நாட்டிலேயே உருவாக்கப்பட்ட தகவல் தொடர்பு செயற்கைக் கோள்கள் ஆகும், இவை டிஜிட்டல் ஆடியோ, தரவு மற்றும் வீடியோ ஒளிபரப்புக்காகப் பயன்படுத்தப்படுகின்றன. இதுவரை 32 ஜிசாட் செயற்கைக்கோள்கள் விண்ணில் செலுத்தப்பட்டுள்ளன.

ஜிசாட் வரிசை செயற்கைக்கோள்கள் என்பது இந்தியாவை ஒளி பரப்புச் சேவைகளில் தன்னிறைவு அடையச் செய்யும் நோக்கத்துடன் இஸ்ரோவால் உருவாக்கப்பட்ட ஒரு அமைப்பாகும்.

10 ஜிசாட் செயற்கைக்கோள்களின் தொகுப்பில் மொத்தம் 168 டிரான்ஸ்பாண்டர்கள் (இதில் 95 டிரான்ஸ்பாண்டர்கள் ஒளிபரப் பாளர்களுக்கு சேவைகளை வழங்க குத்தகைக்கு விடப்பட்டுள்ளன) C, Extended C மற்றும் Ku-bands உள்ளன.

சேவைகளில் தொலைத்தொடர்பு, தொலைக்காட்சி ஒளிபரப்பு, வானிலை முன்னறிவிப்பு, எச்சரிக்கை, பேரிடர்களின் போது தேடுதல் மற்றும் மீட்பு நடவடிக்கைகள் ஆகியவை அடங்கும்.

கல்பனா-1

கல்பனா-1 இந்திய விண்வெளி ஆய்வு மையத்தின் முதல் முழுநேர வானிலைத் துணைக்கோள் ஆகும். இது பி.எஸ்.எல்.வி-சி4 ராக்கெட் மூலம் 12 செப்டம்பர் 2002 அன்று ஏவப்பட்டு புவிநிலைச் சுற்றுப் பாதையில் செலுத்தப்பட்டது. பி.எஸ்.எல்.வி ராக்கெட் மூலம் ஏவப் பட்டு புவிநிலைச் சுற்றுப்பாதையில் செலுத்தப்பட்ட முதல் செயற்கைக்கோள் இது.

கல்பனா-1 செயற்கைக்கோளுக்கு முதலில் METSAT-1 என்று பெயரிடப்பட்டது. இந்திய வம்சாவழியைச் சேர்ந்த அமெரிக்க விண்வெளி வீராங்கனையான டாக்டர் கல்பனா சாவ்லாவின்

நினைவாக 5 பிப்ரவரி 2003 அன்று கல்பனா-1 என மறு பெயரிடப் பட்டது.

அமெரிக்க விண்வெளி வீராங்கனையான டாக்டர் கல்பனா சாவ்லா பிப்ரவரி 1, 2003 அன்று அமெரிக்க விண்வெளி ஓடம் கொலம்பியா விண்வெளிப் பயணத்தின் போது வெடித்துச் சிதறி யதில் அவர் மற்றும் அவரது சக விண்வெளி வீரர்கள் அனைவரும் பலியாகினர்.

செப்டம்பர் 12, 2002 அன்று, ஆந்திரப் பிரதேசத்தின் நெல்லூர் மாவட்டம் ஸ்ரீஹரிகோட்டாவில் உள்ள சதீஷ்தவான் விண்வெளி ஏவு மையத்தில் இருந்து பிஎஸ்எல்வி-சி4 செயற்கைக்கோள் கேரியர் மூலம் இந்த செயற்கைக்கோள் விண்ணில் ஏவப்பட்டது. இந்த செயற்கைக்கோளின் ஆயுட்காலம் 7 ஆண்டுகள் ஆகும்.

கார்ட்டோசாட் வரிசைகள்

கார்ட்டோசாட் (Cartosat) என்பது நிலவியல் ஆராய்ச்சிக்காக விண்ணில் ஏவப்படும் புவிநோக்குச் செயற்கைக்கோள் வகை செயற்கைக்கோளாகும். இத்தொடர் வரிசை செயற்கைக்கோள்கள் யாவும் முழுமையாக உள்நாட்டிலேயே தயாரிக்கப்படுகின்றன.

இந்திய விண்வெளி ஆய்வு மையம் இதுவரையில் 5 கார்டோசாட் செயற்கைக்கோள்களை வெற்றிகரமாக விண்ணில் ஏவியுள்ளது.

கார்டோசாட் வரிசைச் செயற்கைக் கோள்களை விண்ணுக்கு அனுப்புவது இந்தியத் தொலை உணர்வு காணல் ஆய்வுத் திட்டத்தின் ஒரு பகுதியாகும். புவிவளத்தை கண்காணித்தல் மற்றும் ஒழுங்குபடுத்துதல் போன்ற நோக்கத்திற்காக இவை குறிப்பாக விண்ணில் ஏவப்படுகின்றன.

கார்டோசாட் - 1

இந்தியாவின் முதலாவது புவிநோக்குச் செயற்கைக்கோள் கார்டோசாட்-1 ஆகும். பி.எஸ்.எல்.வி - சி6 ராக்கெட் மூலம் 2005 ஆம் ஆண்டு மே மாதம் 5 -ஆம் நாள் ஸ்ரீஹரிகோட்டாவில் புதிதாகக் கட்டப்பட்ட இரண்டாவது ஏவுதளத்தில் இருந்து இச்செயற்கைக்

கோளை விண்ணுக்கு ஏவியது. முன்னதாக இந்திய விண்வெளித் துறை இதே நிலவியல் ஆய்வுக்காக பல செயற்கைக்கோள்களை விண்ணுக்கு அனுப்பியிருந்தது. அவை நிலவியல் தொடர்பான தரவு களை பூமிக்கு வழங்கிக் கொண்டிருந்தன.

இந்திய தொலைதூர உணர்வு செயற்கைக்கோள்கள் பயணத் திட்டம் ஒவ்வொன்றிலும் அளவுப்பகுதி, அலைமாலை, கதிரியக்கப் பிரிதிறன் போன்ற கூறுகள் மேம்படுத்தப்பட்டு தரவுத் தொடர்கள் உறுதிப்படுத்தப்பட்டும் வந்தன.

நிலவியல் தரவுகளின் தேவை பெருமளவில் அதிகரித்ததன் காரண மாக இந்திய விண்வெளித்துறை கார்டோசாட்-1 செயற்கைக் கோளை விண்ணுக்கு ஏவியது.

ஒட்டுமொத்த பூமியையும் 126 நாள் சுழற்சியில் 1867 சுற்றுப்பாதை களில் இச்செயற்கைக்கோள் படம்பிடித்து முடிக்கிறது. கார்டோ சாட் - 1 செயற்கைக்கோளில் நவீன பன்னிறமுணர் ஒளிப்படக் கருவிகள் இரண்டு பொருத்தப்பட்டிருந்தன.

மின்காந்த அலைமாலையின் கட்புலனாகும் புவிப்பகுதியை இக் கருவிகள் கருப்பு வெள்ளையில் முப்பரிமாணப் படங்களாக எடுக்க வல்லவையாகும். இவ்விரண்டு ஒளிப்படக் கருவிகளும் 2,5 இடப் பிரிகைத்திறன் கொண்டவையாகும். ஒரே நேரத்தில் இரண்டு படங்களை தன்னகப்படுத்திக் கொள்ளும் திறன் மிக்கவையுமாகும்.

செயற்கைக்கோளுக்கு முன்புறத்தில் +26 பாகை கோணத்தில் ஒரு படமும், செயற்கைக்கோளுக்குப் பின்புறத்தில் -5 பாகை கோணத்தில் மற்றொரு படமும் முப்பரிமாணமாக கணநேரத்தில் இவ்வொளிப் படங்கள் எடுக்கப்படுகின்றன. ஒரே காட்சியை இவ்விரு ஒளிப்படக் கருவிகளும் தன்னகப்படுத்திக் கொள்வதில் ஏற்படும் நேர இடைவெளி 52 வினாடிகள் மட்டுமேயாகும்.

கார்டோசாட்-2

பி.எஸ்.எல்.வி - சி7 ராக்கெட் வழியாக 2007 -ஆம் ஆண்டு ஜனவரி மாதம் 10 -ஆம் நாள் ஸ்ரீஹரிகோட்டாவில் உள்ள சதீஷ் தவான் விண்வெளி ஆய்வு மையத்தின் முதலாவது ஏவுதளத்தில் இருந்து இச்செயற்கைக்கோளை விண்ணுக்கு ஏவியது.

கார்டோசாட்-2 செயற்கைக்கோளில் நவீன பன்னிறமுணர் ஒளிப்படக் கருவி பொருத்தப்பட்டிருந்தது. பூமியின் சுற்றுப் பாதையை இந்த படம்பிடிக்கும் கருவிகள் 9.6 கி.மீ அகலத்திலும், இடப்பிரிகை திறன் 1 மீ-க்கு குறைவாகவும் இருக்கும் வகையில் எடுக்கக் கூடியனவாகும்.

கார்டோசாட்- 2 செயற்கைக்கோளை 45 பாகை கோண அளவில் பூமியை நோக்கியும், அதே போல் அதன் சுற்றுப்பாதையை நோக்கி திருப்பவும் முடியும்.

ஒரு குறிப்பிட்ட காட்சிப் புள்ளியை ஒளிப்படத் தொகுதிகளாகத் தரும் அளவிற்கு கார்ட்டோசாட்-2 செயற்கைக்கோள் மேம்பட்ட ஒரு தொலையுணர்வு செயற்கைக் கோளாகும்.

இந்த செயற்கைக்கோளின் புகைப்படங்களை, விவரமான வரை படங்கள் தயாரித்தல், பிற நிலப்பட வரைவியல் பணிகளில் ஈடுபடுதல், கிராம புற மற்றும் நகர கட்டுமான மேம்பாட்டுத் திட்டங்களை ஒழுங்குபடுத்துதல் போன்ற செயல்களுக்கு புவியியல் மற்றும் நில விவர அமைப்புகள் பயன்படுத்துகின்றன.

கார்டோசாட் - 2எ

2008 -ஆம் ஆண்டு ஏப்ரல் மாதம் 28 -ஆம் நாள் ஸ்ரீஹரிகோட்டாவில் உள்ள சதீஷ் தவான் விண்வெளி ஆய்வு மையத்தின் இரண்டாவது ஏவுதளத்தில் இருந்து ஒன்பது செயற்கைக்கோள்களுடன் சேர்த்து இச்செயற்கைக்கோளையும் விண்ணுக்கு ஏவியது இஸ்ரோ.

அது ஒரு வான்வெளி கட்டளை நிறுவும் செயல்பாட்டில் இது இந்திய ராணுவத்தின் ஒரு பிரத்யேக செயற்கைக்கோள் ஆகும். கார்டோசாட்-2எ செயற்கைக்கோள், இந்தியப் பாதுகாப்புப் படைகளுக்காக பிரத்யேகமாக அர்ப்பணிக்கப்பட்ட செயற்கைக் கோள் ஆகும்.

இக்கால கட்டத்தில் இந்திய விமானப் படை வான் பாதுகாப்புக் காக புதிய படையமைப்பை அமைத்துக் கொண்டிருந்தது என்பது குறிப்பிடத்தக்கது.

கார்டோசாட்-2எ செயற்கைக்கோளில் நவீன பன்னிறமுணர் ஒளிப்படக் கருவி பொருத்தப்பட்டிருந்தது. மின்காந்த அலை மாலையின் கட்புலனாகும் புவிப்பகுதியை இக்கருவி கருப்பு வெள்ளையில் முப்பரிமாணப் படங்களாக எடுக்கவல்லது ஆகும். கார்டோசாட்- 2எ செயற்கைக்கோளை 45 பாகை கோண அளவில் பூமியை நோக்கியும், அதே போல் அதன் சுற்றுப்பாதையை நோக்கி திருப்பவும் முடியும்.

கார்டோசாட்-2பி

பி.எஸ்.எல்.வி - சி15 ஏவுகலம் மூலம் 2010 -ஆம் ஆண்டு சூலை மாதம் 12 -ஆம் நாள் ஸ்ரீஹரிகோட்டாவில் உள்ள சதீஷ் தவான் விண்வெளி ஆய்வு மையத்தின் முதலாவது ஏவுதளத்தில் இருந்து இச்செயற்கைக் கோளை விண்ணுக்கு ஏவியது இஸ்ரோ.

இச்செயற்கைக்கோளில் நவீன பன்னிறமுணர் ஒளிப்படக் கருவி பொருத்தப்பட்டிருந்தது. மின்காந்த அலைமாலையின் கட்புலனாகும் புவிப்பகுதியை இக்கருவி கருப்பு வெள்ளையில் முப்பரிமாணப் படங்களாக எடுக்கவல்லது ஆகும்.

கார்டோசாட்- 2பி செயற்கைக்கோளை 26 பாகை கோண அளவில் பூமியை நோக்கியும், அதே போல அதன் சுற்றுப்பாதையை நோக்கி திருப்பவும் முடியும். எனவே எத்திசையிலும் அடிக்கடி படமெடுப்பது சாத்தியமாகும்.

கார்டோசாட்-2சி

இஸ்ரோ நிறுவனம் 2016 -ஆம் ஆண்டு சூன் மாதம் 22 -ஆம் நாள் ஸ்ரீஹரிகோட்டாவில் உள்ள சதீஷ் தவான் விண்வெளி ஆய்வு மையத்தின் இரண்டாவது ஏவுதளத்தில் இருந்து கார்டோசாட்- 2சி செயற்கைக்கோளை விண்ணுக்கு ஏவியது.

இச்செயற்கைக்கோளில் நவீன பன்னிறமுணர் ஒளிப்படக் கருவிகள் இரண்டு பொருத்தப்பட்டுள்ளன. மின்காந்த அலை மாலையின் கட்புலனாகும் புவிப்பகுதியை இக்கருவி கருப்பு வெள்ளையில் முப்பரிமாணப் படங்களாக எடுக்கவல்லவை ஆகும்.

பூமியிலுள்ள எந்தப் பொருளையும் இவ்விரண்டு ஒளிப்படக் கருவிகளும் 2 மீட்டர் விட்டத்தில் 30 கிலோமீட்டர் பரப்பளவில் கருப்பு வெள்ளையில் முப்பரிமாணப் படங்களாக எடுக்கும் திறன் கொண்டவையாகும். கார்டோசாட்- 2சி செயற்கைக்கோள் உதவியால் நீர்வள மேம்பாடு, காடுகள் பாதுகாப்பு மற்றும் பெருநகர குடியிருப்புகளை செம்மைப்படுத்துதல் போன்ற செயல்களை கட்டுப்படுத்த முடியும்.

கார்ட்டோசாட்-2டி

கார்ட்டோசாட்-2டி (Cartosat-2D) என்பது சூரிய ஒளியின் சுற்றுப் பாதையில் வலம்வரும் புவி கண்காணிப்பு செயற்கைக்கோள் ஆகும். இந்த செயற்கைக்கோள் இந்திய விண்வெளி ஆராய்ச்சி நிறுவனத்தால் (ISRO) தயாரிக்கப்பட்டு, ஏவப்பட்டு பராமரிக்கப்படுகிறது. கார்டோசாட் தொடரில் நான்கு செயற்கைக்கோள்கள் முன்னதாக ஏவப்பட்டன.

கார்டோசாட்-2டி 714 கிலோ எடை கொண்டது. இது முதலில் 505 கி.மீ. கிரகண சுற்றுப்பாதையில் அறிமுகப்படுத்தப்பட்டது. இந்த செயற்கைக்கோளின் காலம் 5 ஆண்டுகள்.

கார்டோசாட் செயற்கைக்கோள்கள் பூமியின் மேற்பரப்பை வரைபடமாக்குகின்றன. பூமியின் மேற்பரப்பை சித்திரிக்கும் விஞ்ஞானம் கார்ட்டோகிராபி என்று அழைக்கப்படுகிறது.

இந்த செயற்கைக்கோள்கள் மூலம் கிராமப்புற நகர்ப் புறங்களில் உள்கட்டமைப்பு மேம்பாடு, கடலோர பகுதிகளில் நில பயன்பாடு, அதன் கட்டுப்பாடு, சாலை போக்குவரத்து அமைப்பு கண்காணிப்பு, நில பயன்பாட்டு வரைபடங்கள் தயாரித்தல் என பல நன்மைகள் உள்ளன.

மேலே உள்ள பயன்பாடுகளுக்கு கூடுதலாக, புவியியல் தகவல் அமைப்புகளும் பயன்பாடுகளைக் கொண்டுள்ளன. செயற்கைக் கோளில் இரண்டு முக்கிய கருவிகள் உள்ளன, ஒன்று பான்-குரோமடிக் கேமரா மற்றும் மற்றொன்று மல்டி-ஸ்பெக்ட்ரல் கேமரா.

செயற்கைக்கோளின் உள் ஆற்றல் 930 வாட்ஸ் ஆகும். சாய்வு 97.89 டிகிரி ஆகும். கால அளவு 97.38 நிமிடங்கள். இந்த செயற்கைக் கோளில் பான் குரோமடிக் (PAN) கேமரா பொருத்தப்பட்டுள்ளது. இக் கேமரா, மின்காந்த நிறமாலையின் புலப்படும் பகுதியில் பூமியின் கருப்பு மற்றும் வெள்ளை படங்களைப் பிடிக்க முடியும். கேமரா அலைநீளம் 0.5 - 0.85 மைக்ரோமீட்டர்கள், தீர்மானம் 1 மீட்டருக்கும் குறைவானது.

இந்த செயற்கைக்கோள்களின் சுற்றுப்பாதைகள் மற்றும் செயல் திறன் பெங்களூரில் உள்ள விண்கலம் கட்டுப்பாட்டு மையம், லக்னோ, மொரிஷியஸ், ரஷ்யாவில் உள்ள பியர் ஸ்லாக், இந்தோனேசியாவில் உள்ள பேயாக் ஆகிய நெட்வொர்க் மையங் களுடன் இணைந்து கண்காணிக்கிறது.

2023 பிப்ரவரி 15 -ஆம் தேதியில் 103 செயற்கைக்கோள்களுடன் கார்டோசாட் 2 டி செயற்கைக்கோள் பிஎஸ்எல்வி சி37 ராக்கெட் மூலம் வெற்றிகரமாக விண்ணில் நிலை நிறுத்தி உலகச் சாதனை படைத்தது இந்திய விண்வெளி ஆய்வு மையம்.

கார்டோசாட்-2இ

கார்டோசாட்-2இ (Cartosat-2E) என்பது விண்ணில் செலுத்தப்பட்ட ஒரு செயற்கைக்கோள் ஆகும். இது பூமி பகுதிகளை புகைப்படங்கள் எடுத்து அனுப்புகிறது என இந்திய விண்வெளி ஆய்வு மையம் தெரிவித்துள்ளது.

ஸ்ரீஹரிகோட்டாவில் உள்ள சதீஷ் தவான் விண்வெளி மையத்தில் இருந்து பி.எஸ்.எல்.வி-சி38 ஏவூர்தி மூலம், கார்டோசாட் -2இ செயற்கைக்கோள், 30 சூன் 2023 -ஆம் தேதி விண்ணுக்கு அனுப்பப் பட்டது.

கார்டோசாட்-2இ செயற்கைகோள் 712 கிலோ எடையைக் கொண்டது. இது பூமியிலிருந்து 505 கிலோமீட்டர் உயரத்தில் அதன் சுற்று வட்டப்பாதையில் நிலை நிறுத்தப்பட்டது.

இயற்கை வளங்களைப் பல்வேறு கோணங்களில் துல்லியமாகப் படம் எடுக்க உதவும் 3 நிழற்படக் கருவிகள் பொருத்தப்பட்டுள்ளன. இதன் ஆயுள்காலம் 5 ஆண்டுகள்.

இதில் நிலப் பகுதியை துல்லியமாகப் படம் பிடிக்கும் நவீன நிழற் படக் கருவி, தொலையுணர் கருவிகள் பொருத்தப்பட்டுள்ளன. தற்போது அதில் உள்ள நிழற்படக் கருவிகள் அனைத்தும் துல்லியமாக வேலை செய்யத் தொடங்கியுள்ளன. சூன் 26 -ஆம் தேதி முதல் கார்டோசாட் 2இ செயற்கைக்கோள் புகைப்படங்களை அனுப்பத் தொடங்கியுள்ளது.

நாட்டின் பாதுகாப்புக்காக இந்திய ராணுவம் 13 செயற்கைக்கோள் களைப் பயன்படுத்தி வருகிறது. இப்போது அனுப்பப்பட்டுள்ள கார்டோசாட்-2இ செயற்கைகோள் இதில் மிக முக்கியமானதாகப் பார்க்கப்படுகிறது.

இந்தச் செயற்கைக்கோள்களைப் பிரதானமாக்கி இந்திய ராணுவம், அண்டை நாடுகளின் செயல்பாடுகளைக் கண்காணித்து வருவதாக இஸ்ரோ விஞ்ஞானிகள் தெரிவிக்கின்றனர்.

கார்டோசாட் 1, 2, ரியோ சாட் 1, 2 ஆகியவை ராணுவக் கண்காணிப்புக்குப் பயன்படுத்தப்படுகின்றன. நிலப்பகுதியிலும் கடல் பகுதியிலும் எதிரி நாடுகளின் செயல்பாடுகளைக் கண் காணிக்கவும், அச்செயல்பாடுகளின் வரைபட எல்லைகளைக் குறிக்கவும் இந்தச் செயற்கைக்கோள்கள் பயன்படுகின்றன.

இந்த வரிசையில் கார்டோசாட்-2இ, அதிநவீன ரிமோட் சென்சிங் முறையில் குறிப்பிட்ட பகுதிகளில் இருந்து துல்லியமான புகைப் படங்களை எடுத்து அனுப்பும் திறன் கொண்டது.

ஜியோ சாட் 7 செயற்கைக்கோளை இந்திய கடற்படை பயன்படுத்தி நீர்மூழ்கிக் கப்பல்கள், போர்க் கப்பல்கள் ஆகியவற்றை கண்காணித்து வருகிறது என்றும் இஸ்ரோ விஞ்ஞானிகள் தெரிவித்தனர்.

கார்டோசாட்-2எஃப்

கார்டோசாட்-2எஃப் என்பது இந்தியாவின் ரிமோட் சென்சிங் செயற்கைக்கோள்களின் சமீபத்திய விண்கலமாகும். இஸ்ரோவின் கார்டோசாட்-2 வடிவமைப்பை அடிப்படையாகக் கொண்ட ஏழாவது செயற்கைக்கோள்.

இது ஒரு வருட இடைவெளியில் பயன்படுத்தப்பட்ட மூன்றாவது விண்கலமாகும். இந்த செயற்கைக்கோள் இந்திய விண்வெளி ஆராய்ச்சி நிறுவனத்தால் (இஸ்ரோ) இயக்கப்படுகிறது.

100வது செயற்கைக்கோளான கார்டோசாட்-2 தொடரை சுமந்து செல்லும் பிஎஸ்எல்வி-சி40, கனடா, பின்லாந்து, பிரான்ஸ், கொரியா குடியரசு, இங்கிலாந்து மற்றும் அமெரிக்கா ஆகிய நாடுகளின் செயற்கைக்கோள்களையும் சுமந்து சென்றது.

கார்டோசாட்-3

கார்டோசாட்-3 என்பது இந்திய விண்வெளி ஆராய்ச்சி நிறுவனத் தால் (ISRO) கட்டமைக்கப்பட்டு உருவாக்கப்பட்ட ஒரு மேம்பட்ட

இந்திய புவி கண்காணிப்பு செயற்கைக்கோள் ஆகும். இது இந்திய ரிமோட் சென்சிங் செயற்கைக்கோள் (IRS) தொடரை மாற்றுகிறது. இது 0.25 மீட்டர் தொலைநோக்கித் தெளிவுத் திறனைக் கொண்டுள்ளது.

இது உலகின் மிக உயர்ந்த தெளிவுத்திறன் கொண்ட இமேஜிங் செயற்கைக்கோள்களில் ஒன்றாகும். மேலும் 1 மீட்டர் MX உயர் தரத் தெளிவுத்திறனுடன் உள்ளது.

கார்டோசாட்-3யைச் சுமந்து செல்லும் PSLV-C47 27 நவம்பர் 2019 அன்று சதீஷ் தவான் விண்வெளி மையத்தின் இரண்டாவது ஏவு தளத்தில் இருந்து 450 கிலோமீட்டர் சூரிய ஒத்திசைவு சுற்றுப்பாதை யில் செலுத்தப்பட்டது.

ரிசாட்-1

ரிசாட்-1 (Radar Imaging Satellite 1 or RISAT-1) என்பது இந்தியாவி லேயே தயாரிக்கப்பட்ட, மிக அதிக எடை கொண்ட செயற்கைக் கோள் ஆகும். இதன் எடை 1858 கிலோகிராம் ஆகும்.

2012, ஏப்ரல் 26 -ஆம் நாள் இந்திய விண்வெளி ஆய்வு மையம் தயாரித்த இந்த செயற்கைக்கோள் பி.எஸ்.எல்.வி.-சி19 ஏவுகணை மூலம் ஸ்ரீஹரிகோட்டா ஏவுதளத்திலிருந்து வெற்றிகரமாக விண்ணில் செலுத்தப்பட்டது.

அனைத்துப் பருவநிலைகளிலும் புவியைத் துல்லியமாகப் படம் பிடிக்கும் இக்கோள் செலுத்தப்பட்ட 18 நிமிடங்களில் புவியிலிருந்து 480 கி.மீ. உயரத்தில் நிலைநிறுத்தப்பட்டது.

இக்கோளின் மூலம் அனைத்து பருவ நிலைகளிலும், இரவு, பகல் அனைத்து நேரங்களிலும் புவியைக் கண்காணிக்க இயலும். இக்கோளில் உள்ள நுண்ணலை தொழில்நுட்பத்தால் மேகங்களை ஊடுருவவும், இரவில் படம் பிடிக்கவும் முடியும்.

இக்கோள் அனுப்பும் படங்களின் மூலம் இந்தியாவில் கோதுமை, அரிசி உற்பத்தி எந்த அளவிற்கு இருக்கும் என்பதைக் கணிக்க முடியும்.

பேரிடர் பாதிப்புகளையும், மழை, வெள்ளப் பாதிப்புகளையும் கண்டறிந்து நிவாரணப் பணிகளை விரைந்து மேற்கொள்ள முடியும். மண் பரிசோதனை, கனிமவளங்கள் போன்றவற்றை ஆராயலாம். பவளப்பாறைகளைக் கண்டறிய இக்கோள் உதவும்.

ரிசாட்-2

RISAT-2 என்பது எல்லை தாண்டிய பயங்கரவாத நடவடிக்கைகள் மற்றும் ஊடுருவலை கண்காணிக்க இந்தியாவுக்காக இஸ்ரோவால் உருவாக்கப்பட்ட உளவு செயற்கைக்கோள் ஆகும்.

ஆந்திராவின் ஸ்ரீஹரிகோட்டாவில் உள்ள சதீஷ் தவான் விண்வெளி மையத்தில், 20 ஏப்ரல் 2009 அன்று, இந்தியாவில் தயாரிக்கப்பட்ட பி.எஸ்.எல்.வி சி-12 ராக்கெட்டைப் பயன்படுத்தி சுற்றுப்பாதையில் செலுத்தப்பட்டது.

எந்த வானிலையிலும் பூமியை படம் பிடிக்கும் 'ரேடார் இமேஜிங் சிஸ்டம்' இதன் சிறப்பு. இந்தியாவுக்கு இராணுவ அச்சுறுத்தலாகக் கருதப்படும் எதிரி கப்பல்களைக் கடலில் கண்காணிக்கும் திறன் கொண்டது. இந்த செயற்கைக்கோள் 300 கிலோ எடை கொண்டது.

தெற்காசிய செயற்கைக்கோள் (ஜிசாட்-9)

தெற்காசிய செயற்கைக்கோள் (ஜிசாட்-9) என்பது புவிநிலை தகவல் தொடர்பு மற்றும் வானிலை ஆய்வு செயற்கைக்கோள் ஆகும். இது தெற்காசிய பிராந்திய நாடுகளின் பயன்பாட்டுக்காக இந்தியாவின் இந்திய விண்வெளி ஆராய்ச்சி நிறுவனத்தால் இயக்கப்படுகிறது.

தெற்காசியா செயற்கைக்கோளில் 12 கேயூ பேண்ட் டிரான்ஸ்பாண்டர் உள்ளது. இதை இந்தியாவின் அண்டை நாடுகள் தகவல் தொடர்புகளை மேம்படுத்த பயன்படுத்தலாம்.

ஒவ்வொரு நாடும் தனது பயன்பாட்டுக்கு குறைந்தபட்சமாக ஒரு டிரான்ஸ்பாண்டரையாவது அணுகலாம். இது இந்தியாவின் ஜி.எஸ்.எல்.வி-எப்.9 என்ற ராக்கெட்டால் மே 5, 2017 அன்று விண்ணில் செலுத்தப்பட்டது.

இந்த செயற்கைக்கோள் மல்டிபேண்ட் தகவல் தொடர்பு கண்காணிப்பு செயற்கைக்கோள் ஆகும். இது நிகழ்நேர வானிலை தரவுகளை சேகரிப்பதற்கும், தெற்காசிய நாடுகளின் புவியியலை கவனிப்பதற்கும் உதவும் ரிமோட் சென்சிங் நவீன தொழில்நுட்பத் துடன் பொருத்தப்பட்டுள்ளது.

இந்த செயற்கைக்கோள் தொலைத்தொடர்பு மற்றும் ஒளிபரப்பு பயன்பாடுகளான தொலைக்காட்சி (டிவி), டைரக்ட்-டு-ஹோம் (டிடிஎச்), மிகச் சிறிய துளை முனையங்கள் (விஎஸ்ஏடி), டெலி-கல்வி, டெலி-மெடிசின் ஆகிய துறைகளில் முழு அளவிலான பயன்பாடுகள் மற்றும் சேவைகளை செயல்படுத்தும். பேரிடர் மேலாண்மை ஆதரவு. இது பேரிடர் மேலாண்மையின் போது சிறந்த ஒருங்கிணைப்புக்கான தகவல் தொடர்பு வழிகளை வழங்கும்.

எக்ஸ்போசாட்

எக்ஸ்போசாட் (X-ray Polarimeter Satellite - XPoSat) என்பது காஸ்மிக் எக்ஸ்-கதிர்களின் துருவமுனைப்பை ஆய்வு செய்வதற்காக இந்திய விண்வெளி ஆராய்ச்சி நிறுவனம் (இஸ்ரோ) தயாரித்த செயற்கைக் கோள் ஆகும்.

இது 1, ஜனவரி 2024 அன்று பி.எஸ்.எல்.வி ராக்கெட்டில் ஏவப் பட்டது. மேலும் இது குறைந்தபட்சம் ஐந்து வருடங்கள் செயல் படும் என்று எதிர்பார்க்கப்படுகிறது.

இதில் உள்ள தொலைநோக்கியை ராமன் ஆராய்ச்சி நிறுவனம் (ஆர்ஆர்ஐ) யு.ஆர்.ராவ் செயற்கைக்கோள் மையத்துடன் (யுஆர்எஸ்சி) நெருக்கமாக இணைந்து உருவாக்கியது.

கதிர்வீச்சு எவ்வாறு துருவப்படுத்தப்படுகிறது என்பதைப் படிப்பது, அதன் காந்தப் புலங்களின் வலிமை மற்றும் பரவல் பிற கதிர்வீச்சு களின் தன்மை குறித்து ஆய்வு செய்யும்.

■

7. சரித்திரம் படைத்த சந்திரயான்

நிலவை ஆராய்ச்சி செய்யவும், அங்கு ஆள் அனுப்பவும் வல்லரசு நாடுகளிடையே கடும் போட்டி இருந்தது. இதில் அமெரிக்காவும் ரஷ்யாவும் கடும் போட்டி போட்டது.

இதில் முதலில் நிலாவிற்கு அனுப்பப்பட்ட விண்கலம் ரஷ்யா தயாரித்த லூனா 1 விண்கலம் ஆகும். இது ஜனவரி 2, 1959 -ல் விண்வெளிக்கு ஏவப்பட்டது.

கோள வடிவில் அமைந்த இக்கலமானது அதன் மேற்பகுதியில் ஐந்து ஆன்டெனாக்கள் பொருத்தப்பட்டதாக அமைந்திருந்தது. இது சந்திரனின் மேற்பரப்பில் மோதுவதற்கு ஏற்றவாறு வடிவமைக்கப் பட்டிருந்தது. இந்த விண்கலமே மனிதனால் வடிவமைக்கப்பட்ட பூமியின் மேற்கட்ட பரப்பை தாண்டிச் சென்ற முதலாவது விண்கல மாகும்.

லூனா-2 நிலாவை நோக்கி ஏவப்பட்ட சோவியத் ஒன்றியத்தின் லூனா திட்டத்தின் இரண்டாவது விண்கலமாகும். இதுவே நிலவில் தரையிறங்கிய முதலாவது விண்கலமாகும்.

தொடர்ந்து லூனா 3 நிலாவை நோக்கி ஏவப்பட்ட சோவியத் ஒன்றியத்தின் லூனா திட்டத்தின் மூன்றாவது விண்கலமாகும். இதற்கு முன்னர் பார்த்திடாத நிலவின் பகுதிகளைப் புகைப்பட மெடுத்தது இவ்விண்கலம். இவ்விண்கலம் 1959 -ஆம் ஆண்டு அக்டோபர் 4 -ஆம் தேதி ஏவப்பட்டது.

ரஷியா விண்வெளி வீரர்களை அனுப்பும் திட்டத்தில் தோல்வியை தழுவியது என்று கூறலாம். ஆனால் மூன்று முறை ஆள் இல்லா விண்கலம் மூலம் நிலவில் கற்களை எடுத்து திரும்பியது.

அமெரிக்காவின் அப்போலோ விண்கலம் அமெரிக்க விண்வெளி வீரர்களுடன் 1969-ம் ஆண்டு நிலவில் மெதுவாக இறங்கியது. வீரர்கள் நிலவில் அடியெடுத்து வைத்தனர். இதுவரை நிலவில் விண்வெளி வீரர்களை அமெரிக்கா மட்டுமே 6 முறை தரையிறக்கி யுள்ளது. மேலும் அமெரிக்கா 382 கிலோ கற்களை நிலவிலிருந்து கொண்டு வந்துள்ளது.

அமெரிக்காவின் புளோரிடா மாகாணத்தில், நாசா விண்வெளி மையத்தின் சார்பில் 1969 ஜூலை 16ல் அப்பல்லோ 11 என்ற விண்கலம் நிலவுக்கு பயணமானது. இதில் கமாண்டர் நீல் ஆம்ஸ்டிராங், பைலட் மைக்கேல் கோலின்ஸ், பைலட் எட்வின் ஆல்ட்ரின் ஆகிய மூன்று விண்வெளி வீரர்கள் பயணித்தனர்.

இந்த விண்கலம் ஜூலை 20-ல் இந்திய நேரம் நள்ளிரவு 12.48 மணிக்கு நிலவில் இறங்கியது. நீல் ஆம்ஸ்டிராங், விண்கலத்தில் இருந்து இறங்கி நிலவில் காலடி வைத்தார். இதன் அடையாளமாக அமெரிக்காவின் தேசியக் கொடியை நிலவில் பறக்க விட்டார்.

பின்னர் எட்வின் ஆல்ட்ரின் நிலவில் இறங்கினார். மொத்தம் 195 மணி, 18 நிமிடம், 35 வினாடிகள் இந்த பயணம் நீடித்தது. 8 நாட் களுக்கு பின், ஜூலை 24ல், கொலம்பியாவில் வெற்றிகரமாக இந்த விண்கலம் தரை இறங்கியது.

1990 -ஆம் ஆண்டில், ஹைட்டன் விண்கலத்தை சந்திர சுற்றுப் பாதையில் செலுத்தியதன் மூலம் ஜப்பான் இந்த சாதனையை நிகழ்த்திய மூன்றாவது நாடு ஆனது. ஆனால் தொழில்நுட்ப கோளாறு காரணமாக அதன் பணி தோல்வியில் முடிந்தது.

எதிர்காலத்தில் நிலவில் மேலும் பல ஆய்வுகளை மேற்கொள்ள ஐரோப்பிய விண்வெளி நிறுவனம் திட்டமிட்டுள்ளது. சீனாவும் அதே திட்டத்தை வைத்துள்ளது. Lunar-A மற்றும் Celine ஆகிய இரண்டு திட்டங்களை ஜப்பான் தயாரித்து வருகிறது.

சந்திரயான் 1

சந்திரயான் 1 என்பது சந்திரனின் மேற்பரப்பை விரிவாக ஆய்வு செய்வதற்காக இந்தியாவால் ஏவப்பட்ட செயற்கைக்கோள் ஆகும். இந்த திட்டத்தின் முதல் செயற்கைக்கோள் என்பதால் '1' என்ற எண் பயன்படுத்தப்படுகிறது.

இந்தப் பணியில், லூனார் ஆர்பிட்டர் மற்றும் இம்பாக்டர் உள்ளன. இந்த விண்கலம் போலார் சாட்டிலைட் ஏவுகணை மூலம் ஏவப் பட்டது.

இந்த ரிமோட் கண்ட்ரோல் செயற்கைக்கோள் 1304 கிலோ எடை கொண்டது. (590 கிலோ ஆரம்ப சுற்றுப்பாதை எடை, 504 கிலோ உலர் எடை), அகச்சிவப்பு, மென்மையான மற்றும் கடின மான எக்ஸ்ரே அதிர்வெண்களில் காணக்கூடிய தொலைநிலை உணர்திறன் கருவிகளைக் கொண்டுள்ளது.

சந்திரயான்-1 வினாடிக்கு 10 கி.மீ வேகத்தில் சென்று பூமியின் சுற்று வட்டப்பாதையில் ஐந்தரை நாட்களில் மூன்றரை லட்சம் கிலோ மீட்டர் பயணித்து வானிலை கண்காணிப்பு செயற்கைக்கோளான கல்பனாவின் சுற்றுப்பாதையை சென்றடைந்தது.

சந்திரனுக்கு இரண்டாம் கட்ட பயணம் இங்கிருந்து தொடங்கு கிறது. இங்கிருந்து நிலவுக்கு 3,86,000 கி.மீ. தூரம் உள்ளது. இந்த செயற்கைக்கோள் இரண்டு ஆண்டுகள் விண்வெளியில் இருக்கும். இதில் இரண்டு முக்கிய பாகங்கள் உள்ளன. முதல் பகுதி சந்திரனின் மேற்பரப்பில் இறங்கும் மூன் இம்பாக்ட் ப்ரோப் ஆகும்.

இரண்டாவது பகுதி சந்திரனைச் சுற்றி வரும் ஆர்பிட்டர். இதில் இணைக்கப்பட்டுள்ள பல்நோக்கு கருவிகள், சுற்றுப்பாதையில் செல்லும் செயற்கைக்கோளில் இருந்து இரண்டு ஆண்டுகள் வரை நீடிக்கும் கண்காணிப்புகளை மேற்கொள்ளும். சந்திர மேற்பரப்பில் தேவையான அனைத்து சோதனைகளையும் நடத்தும்.

இந்த திட்டத்தின் முக்கிய நோக்கங்கள், சந்திரனை சுமார் இரண்டு ஆண்டுகள் சுற்றி வருவதும், ரிமோட் சென்சிங் மூலம் சந்திர மேற் பரப்பு இரசாயன கலவை மற்றும் முப்பரிமாண மேற்பரப்பு நிலப்பரப்பை முழுமையாகப் படம்பிடிப்பதும் ஆகும்.

நிலவின் துருவப் பகுதிகளின் ஆய்வுக்கு சிறப்பு முக்கியத்துவம் கொடுக்கப்படுகிறது. சந்திரயான் 1 இந்த பணியை முதலில் 1000 கிமீ சுற்றுப்பாதையிலிருந்தும் பின்னர் சந்திர துருவ சுற்றுப்பாதையி லிருந்தும் முடிக்கும்.

சந்திரனின் தாக்க ஆய்வு என்பது சந்திரனின் மேற்பரப்பின் ஒரு பகுதியாகும், இது 100 கிமீ உயரத்தில் சந்திரனைச் சுற்றி வரும் தாய் ஆய்வில் இருந்து பிரிந்து சந்திர மேற்பரப்பில் இறங்குகிறது. நிலவின்

தாக்க ஆய்வு 14 நவம்பர் 2008 அன்று இரவு 8:31 மணிக்கு வெற்றி கரமாக நிலவில் தரையிறங்கியது.

சந்திரனின் தாக்க ஆய்வு உயர் தெளிவுத்திறன் கொண்ட மாஸ் ஸ்பெக்ட்ரோமீட்டர், ஒரு வீடியோ கேமரா மற்றும் ஒரு ஷி.பேண்ட் ஆல்டிமீட்டர் ஆகியவற்றைக் கொண்டுள்ளது. அதனுடன், இந்தியக் கொடி படமும் அதில் பொறிக்கப்பட்டுள்ளது.

இத்திட்டத்தின் வெற்றியின் மூலம் ரஷ்யா, அமெரிக்கா, ஜப்பான் ஆகிய நாடுகளுக்கு அடுத்தபடியாக நிலவை தொட்ட நான்காவது நாடு என்ற பெருமையை இந்தியா பெற்றது.

இந்த திட்டத்தின் தலைவராக மயில்சாமி அண்ணாதுரையை இஸ்ரோ நியமித்தது. இந்த சந்திர செயற்கைக்கோளை ஜூலை 2008-ல் விண்ணில் செலுத்த முதலில் திட்டமிடப்பட்டது. ஆனால் இது அக்டோபர் 24 அன்று தொடங்கப்பட்டது. இந்த திட்டத்திற் காக இஸ்ரோ 380 கோடி ரூபாய் செலவிட்டுள்ளது.

ஆந்திரப் பிரதேசத்தின் ஸ்ரீஹரிகோட்டாவில் உள்ள சதீஷ் தவான் விண்வெளி மையத்திலிருந்து 22 அக்டோபர் 2008 அன்று 00:52 மணிக்கு PSLV-XL ராக்கெட்டைப் பயன்படுத்தி இந்தியா விண்கலத்தை ஏவியது.

சந்திரயான்-1 இன் முதன்மை நோக்கம் நிலவின் மேற்பரப்பின் வேதியியல் மற்றும் தனிம புவியியல் அம்சங்களை அதிக துல்லியத் துடன் ஆய்வு செய்வதாகும். இதன் மூலம் நிலவில் உள்ள பல்வேறு பாறை கூறுகளுக்கு இடையே உள்ள தொடர்பு குறித்த தகவல் கிடைக்கும் என நம்பப்படுகிறது.

நிலவில் 312 நாட்கள் மட்டுமே செயல்பட்ட சந்திரயான் 1 நிலவில் தண்ணீர் இருந்ததற்கான தடயங்களை கண்டுபிடித்தது. இது வரலாற்றில் மிகப்பெரிய சாதனை ஆகும்.

சந்திரயானின் முக்கிய ஏவுதல் நோக்கம் சந்திர மேற்பரப்பில் இரசாயன தாதுக்கள் இருப்பதை ஆய்வு செய்வதும் அதன் முப்பரிமாண அமைப்பை ஆராய்வதும் ஆகும். மற்ற நோக்கங்கள் பின்வருமாறு.

சந்திர மேற்பரப்பின் 3டி வரைபடத்தை துல்லியமாக உருவாக்குவது.

நிலவின் மேற்பரப்பு, வளிமண்டலம் மற்றும் உட்புறத்தைப் படிக்கவும். வளிமண்டலத்தில் உள்ள ஹீலியத்தின் அளவு மற்றும் சந்திர மேற்பரப்பில் மெக்னீசியம், அலுமினியம், சிலிக்கான், யுரேனியம் மற்றும் தோரியம் போன்ற தனிமங்களின் இருப்பு மற்றும் செறிவு ஆகியவற்றைக் கண்டறிவதையும் இது நோக்கமாகக் கொண்டுள்ளது.

எப்போதும் இருட்டாக இருக்கும் சந்திரனின் வடக்கு மற்றும் தென் துருவங்களின் இரசாயன வரைபடம். இதன் மூலம் அதன் கனிமங்களைப் பற்றி அறிந்து கொள்ளுதல்.

துருவப் பகுதிகளில், மேற்பரப்பில் அல்லது நிலத்தடியில் தண்ணீர் இருக்கிறதா என்பதை தெரிந்து கொள்வது, நிலவில் உள்ள பள்ளங்கள் பற்றி மேலும் அறிவது.

பத்து மாத செயல்பாட்டிற்குப் பிறகு, பூமி சந்திரயான் 1 உடனான தொடர்பை இழந்தது. ஆனால் இதற்கிடையில், சந்திரனில் முன்பு நினைத்ததை விட அதிக நீர் உள்ளது என்ற முக்கியமான கண்டு பிடிப்புக்கு செயற்கைக்கோள் வழிவகுத்தது.

சந்திரயான் 2

சந்திரயான் 2 என்பது சந்திரயான் 1 திட்டத்திற்குப் பின்னர் நிலாவை ஆய்வு செய்வதற்காக ஏவப்பட்ட இந்தியாவின் இரண்டாவது விண்கலம் ஆகும்.

இந்திய விண்வெளி ஆய்வு மையத்தினால் (இசுரோ) வடிவமைக்கப் பட்ட இவ்விண்கலம், ஸ்ரீஹரிகோட்டா விண்வெளி மையத்தில் இருந்து 2019, சூலை 22 அன்று நிலாவை நோக்கி ஏவப்பட்டது.

இவ்விண்கலத்தில் நிலா சுற்றுக்கலன், தரையிறங்கி, தரையூர்தி (நடமாடும் ஆய்வகம்) ஆகியன உள்ளடங்கியிருந்தன. இவை அனைத்தும் இந்தியாவிலேயே வடிவமைத்து கட்டமைக்கப்பட்டன.

இதன் முதன்மையான அறிவியல் குறிக்கோள் நிலா மேற்பரப்பு உட்கூற்று வேறுபாடுகளை ஆய்வு செய்து படம் வரைதலும் நிலாத் தண்ணீர் செறிவாக அமையும் இடங்களைக் கண்டறிதலும் ஆகும்.

தரையூர்தி நிலாவின் மேற்பரப்பில் வேதிப்பகுப்பாய்வை 14 நாட்களுக்கு (1 நிலா நாள்) மேற்கொள்ளவும், தான் திரட்டிய தரவு களைச் சுற்றுக்கலன், தரையிறங்கியூடாக புவிக்கு அனுப்பவும் திட்டமிடப்பட்டிருந்தது.

சுற்றுக்கலன் ஒரு ஆண்டு காலம் நிலாவைச் சுற்றி வந்து தனது பணிகளை மேற்கொள்ளும் எனவும் அறிவிக்கப்பட்டிருந்தது. 2019 செப்டம்பர் 7இல் நிலாவில் நிலநேர்க்கோட்டின் கிட்டத்தட்ட 70கு தெற்கே மன்சீனசு சி, சிம்பேலியசு என் ஆகிய இரு குழிகளிடையே மேட்டுச் சமவெளியில் சந்திரயான்-2 இறங்கும் என எதிர் பார்க்கப் பட்டது.

என்றாலும், 2019, செப்டம்பர் 6-ல் தரையிறங்க முயலும்போது, தன் திட்டமிட்ட தடவழியில் இருந்து விலகியதால் அது நிலாத் தரையில் மோதியது. எனவே, தரையிறங்கியை வெற்றிகரமாக நிலவில் தரையிறக்கம் செய்ய இயலவில்லை.

இதனால், இஸ்ரோ 2023இல் சந்திரயான்-3 வழியாக நிலாத்தரையில் மென்மையான தரையிறக்கத்துக்கு மறுமுயற்சி செய்ய முடிவெடுத்தது.

சந்திரயான் 3

சந்திரயான் 3 என்பது இந்தியாவின் விண்வெளி நிறுவனமான இஸ்ரோவால் நிலவுக்கு அனுப்பப்படும் விண்கலத்தின் பெயர். நிலவின் தென்துருவத்தை ஆய்வு செய்ய அனுப்பப்பட்ட விண்கலம் இது.

சந்திரயான் 2-ல் ஏவப்பட்டதைப் போன்று, விக்ரம் என்ற நிலாத் தரையிறங்கியையும், பிரக்யான் என்ற நிலாத் தரையூர்தியையும் கொண்டுள்ளது.

சந்திரயான் 3 ஆந்திரப் பிரதேசத்தின் ஸ்ரீஹரிகோட்டாவில் உள்ள சதீஷ் தவான் விண்வெளி மையத்தில் இருந்து 2023 சூலை 14 அன்று ஏவப்பட்டது.

விண்கலம் 2023 ஆகஸ்ட் 5 அன்று நிலாவின் சுற்றுப் பாதையில் நுழைந்தது. விக்ரம் தரையிறங்கி பிரக்யான் தரையூர்தியுடன் நிலாவின் தென்முனைப் பகுதியில் ஆகஸ்ட் 23 அன்று 12:33 மணிக்கு வெற்றி கரமாகத் தரையிறங்கியது.

இந்தியா தென் முனையில் தரையிறங்கிய முதலாவது நாடாகவும், அத்துடன் நிலவில் வெற்றிகரமாகத் தரையிறங்கிய நான்காவது நாடாகவும் திகழ்ந்தது.

சந்திரயான் -3 விண்கலத்தில் உந்துவிசை மற்றும் லேண்டர்-ரோவர் தொகுதிகள் என இரு பகுதிகள் உள்ளன. உந்துவிசை தொகுதியின் முக்கிய வேலை நிலவுக்கு லேண்டர்-ரோவர் பேலோடுகளை எடுத்துச் செல்வதாகும்.

நிலவின் அருகில் சென்றடைந்த பிறகு, லேண்டர்-ரோவர் உந்து விசை தொகுதியிலிருந்து தன்னைத்தானே பிரித்து, சந்திரனில் விழும். லேண்டரில் உள்ள என்ஜின்கள் அதன் வீழ்ச்சியை மெதுவாக்கும், அதனால் அது மெதுவாக நிலவில் இறங்கக்கூடும்,

ரோவர் என்பது சக்கரங்களைக் கொண்ட ஒரு சிறிய, தள்ளுவண்டி போன்ற சாதனமாகும். லேண்டர் நிலவில் தரையிறங்கியவுடன், ரோவர் லேண்டரில் இருந்து சறுக்கி நிலவின் மேற்பரப்பில் ஊர்ந்து செல்லும்.

லேண்டர், ரோவர் இரண்டும் நிலவில் என்னென்ன வகையில் ஆய்வுகள் மேற்கொள்கிறது?

நிலவுவின் மணல்பரப்பைப் பகுப்பாய்வு செய்தல், நிலவின் மேற் பரப்பு வெப்பத்தை எவ்வாறு கடத்துகிறது மற்றும் நிலநடுக்க அலைகள் நிலவின் மேற்பரப்பில் எவ்வாறு நகர்கின்றன என்பதை ஆராய்தல் போன்ற சோதனைகளுக்கான கருவிகள் லேண்டர் மற்றும் ரோவர் இரண்டிலும் உள்ளன.

அமெரிக்காவின் அப்பல்லோ விண்கலம் ஐம்பது ஆண்டுகளுக்கு முன்பு நான்கு நாட்களில் நிலவை அடைந்த நிலையில் இப்போது சந்திரயான் 3 நிலவை அடைய ஒரு மாதக் காலம் ஆகிறது. அது ஏன்?

சந்திரனுக்கு நேராகவும் விண்கலத்தை ஏவலாம். ஆனால் அதற்கு விண்கலம் மிகவும் பெரியதாக இருக்க வேண்டும். 384,400 கி.மீ தூரம் பயணிக்க, ஏவுகணை அதிக அளவு எரிபொருளைச் சுமந்து செல்ல வேண்டும். எரிபொருள் ஏவுகணையின் எடையைப் பல மடங்கு கூட்டுகிறது. எனவே அதுவே அதிக எடையுள்ளதாக இருக்க வேண்டும்.

சந்திரயான் 3 விண்கலம் நிலவை வேகமாக சென்றடைய எந்த அவசரமும் இல்லை. அதனால்தான் பூமியின் ஈர்ப்பு விசையைப் பயன்படுத்தி சந்திரயான் 3, நிலவை நோக்கிச் செல்ல ஒரு பாதையை தேர்வு செய்கிறது. அதனால் தான் இது நிலவைச் சென்றடைய ஒரு மாதக் காலம் எடுத்துக் கொள்கிறது.

சந்திரயான்-3 நிலவை அடைவதற்கு முன்பு பூமியைப் பலமுறை வட்டமிடுவதும், பின்னர் நிலவை பலமுறை வட்டமிடுவதும் ஏன்?

சமமான பகுதிகளின் சட்டம் என்று சொல்லப்படும் கெப்லரின் கோள்களின் இயக்கத்தின் இரண்டாவது விதி, அதுதான் ஒரு கோளையும், அதன் துணைக்கோளையும் இணைக்கும் கற்பனைக் கோடு சமமான கால இடைவெளியில் சமமான பகுதிகளைத் துடைக்கிறது என்று கூறுகிறது.

இன்னும் சொல்லப் போனால் இந்து விதி, 'நீள்வட்ட சுற்றுப்பாதையில் சூரியனைச் சுற்றி வரும் ஒரு கிரகத்தின் பரப்பளவு திசைவேகம் மாறாமல் உள்ளது, இது ஒரு கிரகத்தின் கோண உந்தம் மாறாமல் இருப்பதைக் குறிக்கிறது' என்றும் கூறலாம்.

கோண உந்தம் நிலையானதாக இருப்பதால், அனைத்து கிரக இயக்கங்களும் பிளானர் இயக்கங்கள் ஆகும், இது மைய விசையின் நேரடி விளைவாகும். இதுதான் கெப்லரின் கோள்களின் இயக்கத்தின் இரண்டாவது விதியாகும்.

அதாவது நீள்வட்டப் பாதையில் நகரும்போது செயற்கைக்கோள் கிரகத்தை நெருங்கும்போது வேகமாகப் பயணிக்கிறது மற்றும் விலகிச் செல்லும்போது வேகம் குறைகிறது. ஒரு பொருள் கிரகத்தை எவ்வளவு தூரம் நெருங்குகிறதோ, அவ்வளவு தூரம் அது கிரகத்திற்கு

அருகில் வரும்போது அதிக வேகத்தைப் பெறுகிறது என்பதும் சட்டம்.

சந்திரயான் 3 நிலவை நோக்கிச் செல்லும் போதுமான வேகத்தைப் பெற இந்தச் சட்டத்தைப் பயன்படுத்துகிறோம். எனவே, எல்விஎம்-3 பூமிக்கு மேலே வைத்த பிறகு, சந்திரயான்-3 பூமியை, நீள்வட்ட சுற்றுப்பாதையில் தானாகச் சுற்றி வரத் தொடங்கும்.

அது தொலைதூரப் புள்ளியை அடையும்போது, தரையிலுள்ள கட்டுப்பாட்டு அறையில் உள்ள விண்வெளி விஞ்ஞானிகள் விண்கலத்தின் திசையைச் சிறிது சிறிதாக மாற்றி, அதனை அடுத்த சுற்றுப் பாதைக்குள் கொண்டு நிலைநிறுத்துவார்கள்.

அதன் அடுத்த வளையம் முதல் சுழற்சியை விட பெரியதாக இருக்கும். எனவே, விண்கலம் அதன் இரண்டாவது வளையத்தில் பூமியை நெருங்கும்போது, அது அதிக வேகத்தைப் பெறும்.

மீண்டும், அது அபோஜி எனப்படும் தொலைதூரப் புள்ளியை அடையும்போது, தரையிலுள்ள கட்டுப்பாட்டு அறையில் உள்ள விண்வெளி விஞ்ஞானிகள் மீண்டும் திசையை சிறிது சிறிதாக மாற்று வார்கள். இதனால் மூன்றாவது சுழற்சியில், விண்கலம் இன்னும் அதிக வேகத்தைப் பெறுகிறது. அத்தகைய 5-6 சுழல்களை முடித்த வுடன், விண்கலம் சந்திரனை நோக்கிச் செல்ல போதுமான வேகத்தைப் பெற்றிருக்கும்.

அது சந்திரனை அடைந்தவுடன், தலைகீழாக, சுழற்சி முறையில் விண்கலம் சந்திரனை நெருங்கும். நிலவின் மேற்பரப்பில் இருந்து சுமார் 100 கிமீ தொலைவில் இருக்கும் போது, தரை இறங்குவதற்குத் தன்னைத்தானே சுற்றுப் பாதையில் இருந்து பிரித்துக்கொண்டு நிலவில் இறங்கத் தொடங்கும்.

நிலவில் லேண்டர் எப்படி இறங்குகிறது?

லேண்டர் உண்மையில் நிலவில் விழும். ஆனால் இது நான்கு உந்துதல்களைக் கொண்டுள்ளது - அல்லது இயந்திரங்கள் - இது மேல் நோக்கி உந்துதலை வழங்கும் மற்றும் அதன் இறங்குதலை மெது வாக்கும்.

நிலவின் மேற்பரப்பை லேண்டர் தொட்ட பிறகு என்ன நடக்கும்?

லேண்டர் மெதுவாக தரையிறங்கிய பிறகு, எல்லாம் சரியாக இருப்பதை உறுதி செய்யும். பின்னர், லேண்டரின் கீழ் உள்ள கதவு திறக்கும். இதன் வழியே சறுக்கிய படியே ரோவர் நிலவின் மேற் பரப்பில் சரிந்து கீழே விழும்.

ரோவர் என்றால் என்ன? அது எப்படி நிலவை ஆய்வு செய்கிறது?

சக்கரங்கள் பொருத்தப்பட்ட, ரோவர் நிலவின் மேற்பரப்பில் கரப்பான் பூச்சியைப் போல ஊர்ந்து, மண்ணை எடுத்து சோதனைகள் செய்யும்.

லேண்டர் மற்றும் ரோவர் பூமிக்கு திரும்புமா?

இவை எல்லாமே அதற்குரிய செயலாற்றல் முடிந்த நிலையிலும் நிலவிலேயே இருக்கும். ஒருவேளை அடுத்து நிலவுக்குச் செல்லும் விண்வெளி வீரர் எடுத்து வர எண்ணினால் எடுத்துக் கொண்டுப் பூமிக்கு வரலாம்.

லேண்டர் மற்றும் ரோவர் நிலவில் செய்யும் சோதனைகள் பற்றிய தகவல்களை நாம் எப்படிப் பெறுவது?

வானொலி நிலையங்கள் எப்படி ஒலிபரப்பாகிறதோ அது போலத் தான் லேண்டர் மற்றும் ரோவர் நிலவில் செய்யும் சோதனைகள் பற்றிய தகவல்களை நாம் பூமியில் இருந்தபடி பெறுகிறோம்.

ஒலிபரப்புகள் ஒலி அலைகள் மூலம் செய்யப்படுகின்றன. ஒலிபரப்பு வதற்கு ஒரு ஊடகம் - காற்று - தேவை. விண்வெளி வழியாக சமிக்ஞைகள் மின்காந்த அலைகள் வடிவில் அனுப்பப்படுகின்றன. இதற்கு ஒரு ஊடகம் தேவையில்லை.

லேண்டர் மற்றும் ரோவர் நீண்ட காலம் செயல்படுமா?

லேண்டர் மற்றும் ரோவர் 14 பூமி நாட்களுக்கு உயிருடன் இருக்கும், இது ஒரு நிலவு நாளுக்கு ஒத்திருக்கும். சந்திரன் தனது அச்சில் ஒரு சுற்று சுற்றினால், பூமி 29.5 நாட்களை நிறைவு செய்திருக்கும்.

ஒரு நிலவு நாள் என்பது நிலவு இரவைப் போலவே சுமார் 14 பூமி நாட்கள் ஆகும். லேண்டர் மற்றும் ரோவருக்கு மின்சாரம் வழங்கும் சோலார் பேனல்களுக்கு சூரிய ஒளி தேவைப்படுவதால், அவை 14 பூமி நாட்கள் ஒரு நிலவு நாளில் உயிருடன் இருக்கும்.

சந்திரயான்-3 இன் முக்கியத்துவம் என்ன? ஏன் சந்திரனுக்கு செல்ல வேண்டும்?

இனி ஆய்வு செய்வதற்கு நிலவில் எதுவும் இல்லை என்ற முடிவுக்கு வந்துவிட்ட மேலை மேலைநாடுகள் நிலவுப் பயணத்துக்கு கிட்டத் தட்ட முற்றுப் புள்ளி வைத்து விட்டன.

அமெரிக்க அப்பல்லோ பயணங்களுக்குப் பிறகு சந்திரனைப் புறக்கணித்தன. ஆனால் பாரதத்தின் இஸ்ரோ நிலவின் தென் துருவப் பகுதியில் பனிக்கட்டி இருக்கிறது என்று உறுதியாக காட்டிய பிறகு, மேலை நாடுகளுக்கு மீண்டும் நிலவின் மீது ஆர்வம் ஏற்பட்டுள்ளது.

நிலவின் தென் துருவப் பகுதியில் உள்ள தனிமங்கள் தொடர்பான சந்திரயான்-3 விண்கலம் கண்டுபிடிப்பின் முக்கியத்துவம் குறித்து மத்திய அரசின் விஞ்ஞான் பிரசார் அமைப்பில் பணியாற்றும் விஞ்ஞானி த.வி.வெங்கடேஸ்வரன் விளக்கம் தந்துள்ளார்.

நிலவில் ஆக்சிஜன், கந்தகம், இரும்பு உள்ளிட்ட தனிமங்களின் இருப்பை சந்திரயான்-3 விண்கலம் உறுதிப்படுத்தியுள்ளது. பிரக்யான் ரோவர் மண்ணை அகழ்ந்து ஆய்வு செய்து இதனை உறுதி செய்திருக்கிறது. அதற்காக அந்த தனிமங்கள் நிலவில் அப்படியே தனித்து இருப்பதாக அர்த்தம் கொள்ளக் கூடாது. அந்த தனிமங்கள் நிலவில் எந்த வடிவிலும் இருக்கலாம்.

அதாவது, ஆக்சிஜன் என்பது ஆக்சைடு வடிவத்திலோ அல்லது வேறு ஏதேனும் ரூபத்திலோ இருக்கலாம். அதேபோல்தான், இரும்பு, கந்தகம் போன்ற பிற தனிமங்களும் இருக்கக்கூடும். அது குறித்து கிடைத்துள்ள தரவுகளை இஸ்ரோ இனி வரும் நாட்களில் பகுப்பாய்வு செய்து முடிவுகளை வெளியிடும்.

ஹைட்ரஜன் இருக்கிறதா என்பதை கண்டறிவதற்கான ஆய்வுகள் தொடர்கின்றன. அதுவும் கூட, ஹைட்ராக்சைடு போன்ற ஏதோ

ஒரு வடிவில் இருக்கக் கூடும். அடுத்து வரும் நாட்களில் அதுகுறித்த தகவல்கள் பிரக்யான் ரோவருக்கு கிடைக்கக் கூடும் என்று அவர் கூறினார்.

நிலவில் மனித குடியேற்றங்கள் சாத்தியமா?

நிலவில் ஆக்சிஜன் கண்டுபிடிக்கப்பட்டுவிட்டது. ஹைட்ரஜன் இருக்கிறதா என்று தெரியவில்லை. ஒருவேளை இரண்டும் இருந்தாலும் அவை எந்த வடிவில் இருக்கும் என்பது இன்னும் உறுதியாகவில்லை.

இஸ்ரோ அனுப்பிய சந்திரயான்-1 விண்கலம் நிலவில் உறைந்த நிலையில் தண்ணீர் இருப்பதற்கான சாத்தியக்கூறுகளை எடுத்துக் கூறியுள்ளது.

அது நிரூபணமானால், ஏதோ ஒரு வடிவில் தண்ணீர் கிடைத்தால் அது மிகப்பெரிய கண்டுபிடிப்பாக இருக்கும். மனித குலத்திற்கே ஒரு பெரிய வரப்பிரசாதமாக இருக்கும்.

ஏனெனில், தண்ணீரில் இருந்து ஹைட்ரஜன், ஆக்சிஜன் ஆகிய இரண்டையும் பிரித்து நாம் சுவாசிக்க, நமது விண்கலன்களுக்கு எரிபொருளாக என பல விதங்களிலும் அவற்றைப் பயன்படுத்தலாம். அந்த நிலையை எட்டினால்தான், நிலவில் மனித குடியேற்றங்கள் அல்லது விண்வெளித்தளம் அமைப்பது சாத்தியமாகும். தற்போதைய நிலையில் அதுகுறித்து ஏதும் உறுதியாக கூற முடியாது.

நிலாவின் மேற்பரப்பில் ஊர்ந்து ஆய்வு செய்யும் பிரக்யான் ரோவர் ஆக்சிஜன், கந்தகம் உள்ளிட்ட சில தனிமங்கள் இருப்பதை உறுதிப் படுத்தி இருப்பதாக இஸ்ரோ அறிவித்துள்ளது. அங்கே ஹைட்ரஜன் உள்ளதா என்பது இன்னும் தெரிய வரவில்லை.

நிலவின் தென் துருவத்தில் வெப்பநிலை எப்படி இருக்கிறது என்பது தெரிய வந்துள்ளது. நிலவின் தென் துருவத்தில் தடம் பதித்த முதல் நாடான இந்தியா, இதன் மூலம் அங்குள்ள சுற்றுச்சூழலை அறிவதற் கான முதல் அடியையும் எடுத்து வைத்துள்ளது.

சமீபத்தில் ரஷ்யாவின் லூனா 25 விண்கலம் தொழில்நுட்பக் கோளாறுகளால் நிலாவில் மோதி நொறுங்கியது. இதையடுத்து

இஸ்ரோ மீது இந்தியா மட்டுமின்றி மொத்த உலகின் கண்களும் முற்றிலுமாகப் பதிந்து விட்டன. சந்திரயான்-3 மீதான எதிர்பார்ப்பு எகிறிவிட்டது.

இந்தியாவின் சந்திரயான் 3 விண்கலத்தின் விக்ரம் லேண்டர் நிலாவில் வெற்றிகரமாகத் தரையிறங்கியது. நிலாவின் தென் துருவத்தில் தரையிறங்கிய முதல் நாடு என்ற பெருமையை இந்தியா பெற்றிருக்கிறது.

இஸ்ரோவின் இந்த சாதனை முயற்சியைத் தான் உலகம் முழுவதிலும் உள்ள விஞ்ஞானிகள் மற்றும் பொதுமக்கள் வைத்த கண் வாங்காமல் பார்த்துக் கொண்டுள்ளனர்.

சந்திரயான்-3 விண்ணில் ஏவப்பட்டதன் மூலம் நிலவின் மீதான மக்களின் ஆர்வம் அதிகரித்து வருவது கண்கூடாகத் தெரிகிறது.

◼